天才少年オリバーの「宇宙」入門

ジョージ・チャム

千葉茂樹／訳　渡部潤一／監修

あすなろ書房

OLIVER'S GREAT BIG UNIVERSE
by Jorge Cham

First published in 2023 by Amulet Books, an imprint of ABRAMS.
Japanese translation rights arranged with Jorge Cham c/o The Gernert Company, New York
through Tuttle-Mori Agency, Inc., Tokyo

天才少年オリバーの「宇宙」入門

もくじ

第1章 宇宙からくるガンマ線

きみがどう思ってるか、わかるよ。「おまえみたいな、どこにでもいそうな11歳のガキンチョに、宇宙のことを教えられるの？」だよね。

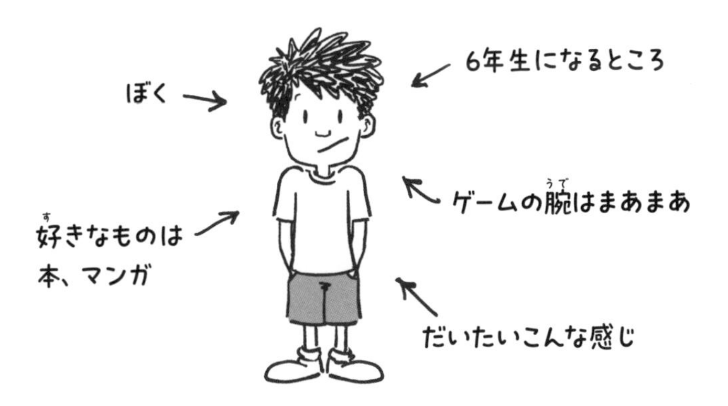

ぼくは有名な科学者かって？　ノー。
なにをやらせても天才的かって？　それもちがう。

ぼくよりずっと頭のいい子はいる。たとえばクリストファー。学芸会のとき、ルービックキューブを12.7秒で完成させたことがある。しかも目かくしをしたまま。

ズビもすごい。３枚の作文を書く宿題で、アメリカ独立戦争の歴史を全部書いた。

ぼくのクラスには、ほかにもすごい子がたくさんいる。

ゾーイ・C
プロのサッカー選手

マテオ・S
天才画家

ギャビー・M
クラス委員

スベン・P
脇の下で楽器みたいな
音をだす

で、ぼくは？　校長先生はぼくをよ――く知ってるし、ぼくは校長室のなかのことを、ほかの生徒のだれよりもずっとよく知ってる。

ちょっと「脱線」するね。本筋からそれちゃうことを「脱線」っていうの、おもしろいよね。この本は、しょっちゅう「脱線」するけど、よろしく。

ときどき、脱線中に脱線しちゃうこともある。いまもそう。ほんとうはピアノの練習をしなくちゃいけないのに、脱線してこの本を書いてる。ただし、本を書いてる最中なのに、15分ほどマンガを読んでた。

おっと、話をもどそう。こんなぼくでも、集中することはある。その日は、5年生の最後の日で、ものすごく集中した。それは……。

ドクターハワードの特別授業

5年生の1年間、担任のハワード先生はいろいろな人をつれてきて、仕事について話してもらってきた。あるときは、地質学者のデボンのおじいさんがきた。一生のあいだ、石ころのことだけ研究している人がいるって知ってた？

べつのときには獣医師のアレハンドロのおかあさんがきた。獣医師っていうのは動物のお医者さんのこと。治療したペットのキモい写真をいっぱい見せてくれたんだけど、ランチのすぐあとだったので、悲惨なことになった。

そして、終業式まぎわに、ドクター・ハワードがきて、話をしてくれた。最初は担任のハワード先生とおなじ名前でおかしいな、と思った。でも、ふたりは夫婦だったんだ。これにはちょっとびっくりした。

先生も人間だった!
(衝撃!)

先生は:

- ロボットじゃない(エイリアンでもない)
- 先生にも家族がいる!
- 子どものころには、たぶんマンガを読んでた(もしかしたらいまも!)
- エイリアンの可能性も(だって、ちょっとあやしい)

ドクター・ハワードが話したのは「ガンマ線」についてだった。ドクターといっても、むかし友だちだったホセの両親みたいに、扁桃腺の手術とかをするお医者のドクターじゃない（ホセの話はまたあとで）。ドクター・ハワードは科学の研究をする博士なんだ。

ドクター・ハワードの話だと、ガンマ線っていうのは宇宙からくる光みたいなものらしい。ときどき、星が爆発することがあって、そんな光みたいなものを放射する。すごく明るくて力が強いので、まともに地球に降り注いだら、ぼくたちは地球ごと丸こげになるらしい。

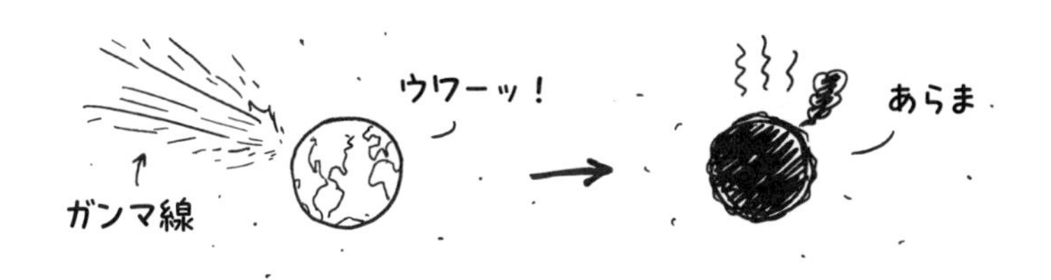

こんな感じ。ガンマ線は地球の空気を全部吹き飛ばして、なにもかもカリカリに焼きつくす。

でも、ガンマ線のすごいところも話してくれた。直撃じゃなくて、ものすごく強力でなければ、宇宙のことをいろいろ教えてくれるっていうんだ。たくさんの星のことや、ブラックホールのこと、ほかの惑星に生命がいるかどうか、なんてことも。

そのとき、ぼくは思ったんだ。おとなになったら、宇宙物理学者になりたいって。ドクター・ハワードは宇宙物理学者

だ。将来、有名なサッカー選手や画家にはなれないかもしれないけど、宇宙を研究する人にはなれるかもしれない。

そう、まさに、ぼくむきの仕事だ。空を見上げて、宇宙にあるすべての星や銀河のしくみ、惑星同士の衝突のようす、エイリアンがどれぐらい遠くからやってくるのか、なんてことを研究するんだ。よーし、いつかぼくは宇宙物理学者のドクター・オリバーになるぞ！

それか、俳優ね。それがもうひとつの道。舞台でお芝居をしたり、映画にでたことはないけど、いろんな人のしゃべりかたをまねするのは得意なんだ。たとえばスコットランド訛りなんて、すごくうまいよ。

そこで、ちょっと考えてみた。宇宙について、ぼくが知らないことはどれぐらい？　宇宙にはなにがある？　どっちもたくさんある！　ドクター・ハワードは、宇宙はものすごく広いっていっていた。そして、不思議なこと、へんてこなことだらけなんだって。たとえば……

エイリアン（想像の）：ドクター・ハワードは、宇宙には惑星がたくさんあるから、エイリアンがいる惑星だってあるはずだと思っている。いつか、会えるかも！　って思うとワクワクする。

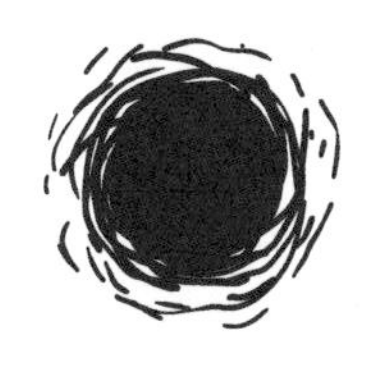

ブラックホール：宇宙にある穴のことで、一度はいったら、ぜったいにぬけだせない。雨の日の、いごこちのいいソファみたいなものかな。

目に見えないもの：宇宙にはあらゆる種類の目に見えないものがあるらしい。銀河ぐらいの特大サイズのものから、いまこの瞬間、ぼくの体をとおりぬけた、超小さいものまで。

ドクター・ハワードに、宇宙物理学者になるっていうぼくの計画を話してみた。とうぜんだけど、すごくよろこんでたよ。

ほんとうは、説得するのに苦労したけど、最後にはいろいろ教えてあげようって、いってもらえた。そこで、すっごくいいことを思いついた。ドクター・ハワードに教えてもらったことを全部本に書いて、ほかの子たちにも知ってもらうんだ。ほかの人に説明するのは、学ぶための近道だって、父さんもいつもいってるし。なにかを学ぶ最高の近道は、ほかの人（きみとか）に説明すること。父さんはいつだって、まちがったことはいわない。半分ぐらいしか。

もしかしたら、この本を読んだら、きみも宇宙物理学者になりたくなるかも（そうじゃなきゃ、俳優に）。

それに、いつかエイリアンにであったときに、宇宙のことぐらいしか話題がなかったとしたら？　たぶん、共通の話題は、あんまりないと思うんだよね。ほら、おなじテレビ番組は見てないだろうし、おなじマンガも読んでないだろうから。エイリアンにでくわしたとき、この本を読んでおいてよかったって、感謝すると思うよ。

読んでなかったら、話題がなくて、ものすごーく気まずいだろうな。

第2章

ビッグバン！

そんなわけで、宇宙について語るなら、まずは宇宙のはじまりから。

学校の集会やイベントのとき、ぎゅうぎゅうづめになって、爆発しそう！　って思うこと、あるよね？

ドクター・ハワードの特別授業のすぐあとにもそんなことがあった。「くびれ」に、はまっちゃったんだ。学校は古くて、食堂の前の廊下は細い（それが「くびれ」）。だから、ランチの列になにかあると、そこに人がたまるんだ。ランチを知らせるベルが鳴ったあとに行列ができるのはいつものことだけど、その日は特別だった。ひとくちコロッケがでる金曜日だったんだけど、スティービー・ロゼッキが、そのコロッケに文句をいいはじめたんだ。

スティービーは、食堂のメニューはいつもおなじだと、けちをつけた。でも、給食係のチェンさんは、変える予定はないといった。

ぼくたちは、そのせまい廊下で、さんざんまたされた。まてばまつほど、どんどん生徒がおしよせてくる。コロッケのにおいが廊下にただよいはじめるころには、みんな腹ぺこでイライラしていた。

それでも、みんな、なんとかがまんしてたのに、ロジャー・チュンが、あのいまわしいことばを発してしまった。

そして、ドカーン！

みんな、ものすごいいきおいで、にげていった。「いいだしっぺが犯人だ！」っていうひまもなかった。だれもかれも、もうコロッケはどうでもよくなった。

さあ、この絵をよくおぼえておいて。宇宙のはじまりはこんなふうだったからだ。ただ、おならじゃなくて爆発だけど。

ドクター・ハワードによると、いま宇宙にある、ぼくたちが目にするものすべて、恒星も惑星も小惑星も銀河もなにもかもが、はじまりの時点では、せまい場所にぎゅうぎゅうにおしこめられていたというんだ。どれぐらいぎゅうぎゅうかって？　宇宙にあるすべてのものが、下に描いた矢印の先の点よりずっと小さいところにとじこめられていたと想像してみて。宇宙のすべてがこんなところにとじこめられていたなんて、信じられないけど、ほんとうにそうだったんだ。

それどころか、宇宙がとじこめられていたのは、実際にはぼくが描いた点の、何百万分の１より小さなところだっていうんだ。ざんねんながら、ぼくはそんな細いペンをもっていないから、想像してもらうしかない。

とにかく、宇宙は爆発した。ぎゅうぎゅうにとじこめられていた宇宙が、ドカーン！　と大爆発。一瞬のできごとだった。

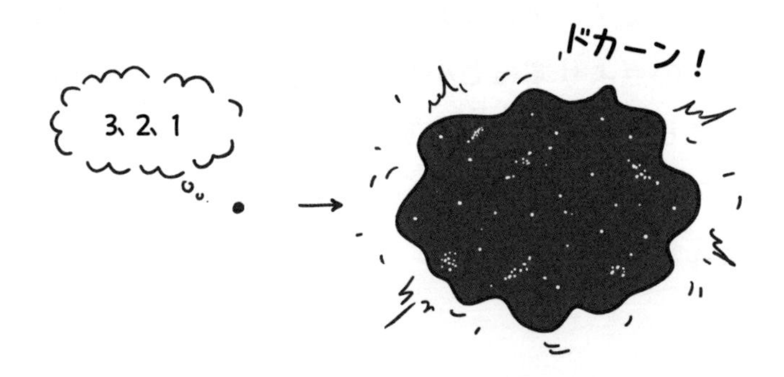

およそ14,000,000,000（140億）年前のことだ。調べてみたら、恐竜があらわれたのは、ほんの240,000,000（2億4千万）年前だから、それよりずっと前。

きみが、なにを考えてるか、わかるよ。「そんな大むかしのこと、どうして知ってるの」だよね。ぼくなんか、2週間前のことも思い出せないのに。

そのあとにドクター・ハワードがいったことばをきいて、ぼくはぶっとんだ。宇宙が爆発したってわかるのは、宇宙がいまもまだ爆発しつづけてるからだっていうんだ。え——？？

ドクターはいう。「天体望遠鏡で空にあるすべての銀河を観察すると、おかしなことに気づく。すべての銀河は、おたがいにどんどん遠ざかっているんだ」
銀河っていうのは、たくさんの星の集まりで、ぼくたちがすんでいるのは「天の川」ってよばれている銀河のなかだ。

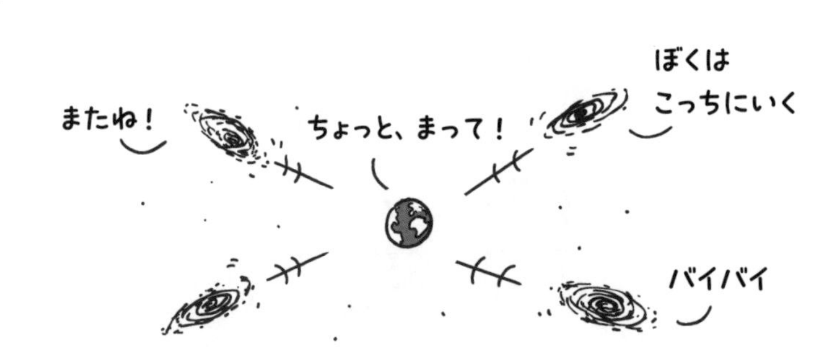

たくさんの銀河がおたがいに遠ざかっているってことは、最初はおなじ場所にいたと考えられるってこと。つまり、そこから科学者は、宇宙のすべてがひとつの場所にとじこめられていたと考えるようになったんだ。

あの日、廊下でにげまどう生徒たちを見たナロ校長も、おなじように考えたんじゃないかと思うよ。

宇宙はいまでも爆発しつづけているけれど、おもしろいことにそのスピードはむかしほどではないんだ。ほとんどのことは、最初の１秒でおこってしまったらしい。だから宇宙のはじまりを「ビッグバン（大爆発）」とよぶ。

ドクター・ハワードは、ビッグバンということばを、すごく気に入ってるわけではないんだって。厳密にいえば、宇宙は爆発したわけじゃないから。爆発じゃなくて、宇宙がひとりでに猛烈なスピードで大きくなったってことなんだ。でも、ぼくは爆発のほうが、ずっとかっこいいと思うな。だれだって、爆発中の宇宙に住みたいよね。

ぼくは宇宙がどんなふうに大きくなるのか、たずねてみた。ドクターはいった。ぼくが思い描いたみたいに、みんなが、くびれからいっせいに走って、ちりぢりになるんじゃなくて、廊下そのものが急に大きくなったと考えるべきなんだって。

これこそが宇宙誕生のときにおこったことなんだって。ぎゅうぎゅうづめにおしこめられていたものが、一瞬で爆発的にひろがって、すべての銀河がちりぢりになって、宇宙全体はスカスカになった。

きみが、いまどう思ってるかわかるよ。「宇宙がそんなふうにはじまるなんて、ありえない！」「その前はどうだったのさ？」きみの思ってることは、ぼくにも、よーくわかる。そもそも宇宙が「はじまる」ってどういうこと？ビッグバンの前にはそこになにがあったんだ？

ぼくもあの日、家に帰ってからドクター・ハワードにメッセージを送ってみた。

こんにちは、ドクター
質問です：
宇宙がビッグバンではじまったのなら、
その前はそこになにがあったの？

どうして、メアド知ってるんだ？

ハワード先生に教えてもらった

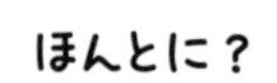

ほんとに？

そう、ドクターのひまつぶしに
いいかもっていってた

ドクター・ハワードの答えにはびっくりした。ビッグバンの前になにがあったのか、だれも知らないっていうんだ。宇宙の大爆発がおこったのはむかしすぎて、だれにも調べられないんだって。
ドクター・ハワードがいうには、ふたつの学説がある。

学説１：時間そのものもビッグバンと同時にはじまった。つまり、ビッグバンの前には、なんにもおこっていなかった。時間がなかったんだから、「その前」もないってこと。かけっこがはじまる前のかけっこはどんなだったかって、たずねるようなもので、答えは「なんにもない」。かけっこの前にかけっこはないんだから！

学説２：ぼくたちが生きているこの宇宙の前には、べつの宇宙があった。ぼくたちの宇宙はほかの宇宙がぶつかりあってできたのかもしれないし、べつの宇宙のなかに生まれたのかもしれないっていうんだ。

だれも知ってる人がいないなんて！　たぶん、これから知る人もだれもいない。きみが、自分の生まれる前のことを思い出そうとするようなものだから。生まれてないんだから、知ってるわけない！（ぼくが生まれる前の世界は、ものすごーくたいくつだったと思うけどね）

宇宙がどこからきたのか、ぼくもひとつ、学説を思いついた。

どこからきたにしても、ぼくたちの宇宙にはじまりがあったっていう考えは、すごくクールだよね。宇宙のこと、ぐっと身近に感じない？　最初はどこにもなくて、ものすごく小さかったところから、どんどん大きくなって、いまも大きくなりつづけてるなんて、親しみがわくよね？

第3章

ブラックホールに気をつけろ！

夏休みは楽しかった。ソファに、うもれるまではね。

なにがあったかというと、学校がはじまるまであと２週間になったところで、父さんと母さんは車で家族旅行にいく計画を立てた。夏休み最後の１週間に。つまり、ぼくにのこされた自由時間は、それまでの１週間だけってこと。

たしかにぼくは、夏休みがはじまってからずっと、ぶらぶらすごしてたわけだけど、これがほんとうに、なにもしなくていい最後のチャンスになってしまったんだ。これはだいじにしたい。そこで、スケジュールを立ててみた。すごく単純なものだけどね。

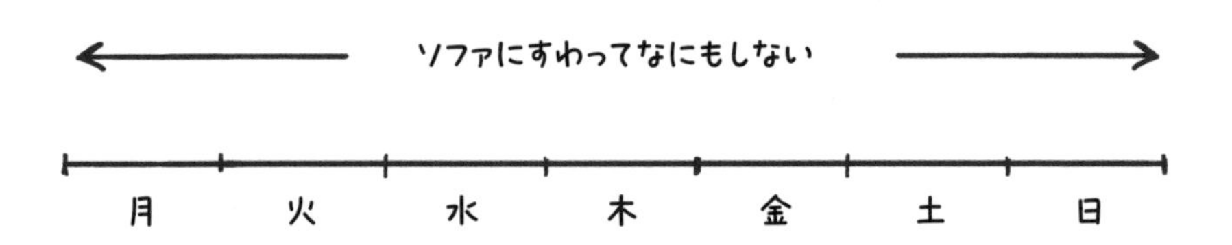

そう、そのスケジュールっていうのは、ソファにすわって１週間なんにもしないで、のんびりすごすってこと。父さんは、いつもぼくになにかさせたがっているから、説得にかかった。

もちろん、ぼくだって、ほんとうになにもしないつもりだったわけじゃないよ。ソファにすわっているあいだにやる、だいじなことのリストを作ってあった。

ソファでやることリスト

□ ゲーム

□ 読書

□ もっとゲーム

なにもしないで、のんびりする方法(ほうほう)なら知ってるという人は多いけど、その人たちは、結局(けっきょく)、なにか役に立つようなことをはじめてしまうものだ。たとえば、こまごました家の手伝(てつだ)いを思い出して、もっとはやくやっておけばよかったと考えちゃうとか。でもぼくは、なにもしないってことを真剣(しんけん)に考えてる。

そのための最高(さいこう)のソファはある。とても古いソファで、ぼくが生まれる前から家にある。父さんと母さんは、妹とぼくが18歳(さい)になるまで買いかえるつもりはないといっている。なぜなら、ぼくたちはいつも、家のなかでいろんなものをこぼしたり、こわしたりするからなんだって。

というわけで、ぼくは本とゲーム機をもってきてソファにすわった。

でも、そのときぼくは気づいた。おなかがすいたら、どうしよう？　なんにもしないでいるには、おどろくほどエネルギーをつかう。それにぼくは、一度すわったら、あとになって立ち上がったりしたくない。そこでキッチンからスナック菓子をすこしもってきて、またすわりなおした。

でも、そのとき思ったんだ。本を読み終わっちゃったらどうする？　マンガなら10回や20回読み返したって、あんまり時間はかからない。そこでぼくは、もっと本をもってきて、すわりなおした。

その時点で、ソファは重みですこしばかり沈みこんでいたので、パズルやパソコン、タブレットや飲み物をもってきていないことを思い出しても、立ち上がるのがたいへんだった。

そこへ運良く、妹のベロニカがとおりかかった。

ベロニカはぼくの3歳年下で、仲はすごくいい。母さんがほかの子のお母さんに話しているのを耳にしたことがあるんだけど、ぼくたちは80パーセントの時間は仲良く遊んでるっていってた。もし、兄妹仲の成績表があるんなら、確実に合格点だと思うよ。

ただ、ざんねんなことに、今回は仲良くない方の20パーセントの日だった。だって、ベロニカに、忘れてきたものを「とってきて」とたのんだのに、「いそがしくて、むり」っていわれてしまったんだ。

結局、お金で釣ることにした。ひとつもってくるたびに1ドルあげるっていったんだ。ずいぶん高くついて、失敗だったけど。ベロニカはぼくがたのんだもの以外も、どんどんもってきた。ルービックキューブ、ミルクを４リットル、アーチェリーのセットにカードのコレクション、野球帽に……しまいには父さんのボーリングのボールまで！

結局、ぼくはベロニカに、こづかい３週間分の借金ができた。その上、ソファのクッションが沈みこみすぎて、おしりが床にあたりそう。

こうしてぼくは、ソファにうもれてしまった。もしかしたら、二度とぬけだせないんじゃないかと思いはじめて、母さんと父さんにおわかれの手紙を書いた。その手紙で、おばあちゃんのたいせつな花瓶を割ったことをうちあけて、あやまった。チューインガムとグミとでくっつけておいたから、まだ気づいてなかったと思うけど、こんなに暑い日がつづくと、バレバレになってしまうだろうから。

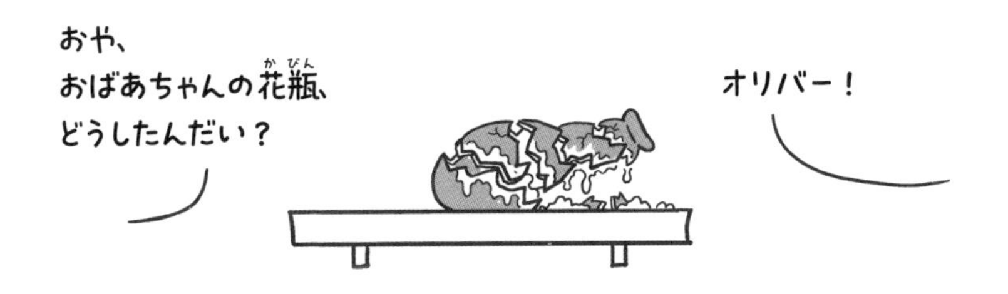

ほらね、ぼくがソファにうもれたのって、ブラックホールみたいでしょ？　ソファにうもれるのは、ブラックホールにとじこめられるのと、すごくにている。

ブラックホールって、なにかって？　きいてくれて、ありがとう。

ブラックホールっていうのは、宇宙にある、ものすごくクールなもの。名前がすべてを語ってる。それは黒い穴だ。とても単純にきこえるけど、穴といっても古いパンツやチーズの穴みたいに、なにかの上にあいた穴じゃなくて、宇宙そのものにあいた穴だ。

宇宙に穴があいているなんて、すごく変に思えるけれど、ほんとうなんだ。ふつうの穴なら上から見たときだけ穴だってわかる。たとえばテーブルにあいた穴は、よこから見たら、もう穴には見えない。

ところが、ブラックホールの不思議なところは、どこから見ても丸く見えるってこと。

すごく不思議だよね？

なぜ、これが「穴」とよばれているかというと、いろいろなものが落っこちていくからだ。たとえば、きみが石ころや妹の自転車をブラックホールに投げ入れたら、なかへ落ちて……消えてしまうんだ。パッとね。石ころも自転車も、二度と見ることができなくなる。

ブラックホールには、ほかにも不思議なことがある。なにかをのみこめばのみこむほど、穴が大きくなるということだ。どういうことかというと――最初になにかをのみこむと、その分だけのみこめる量がふえて、穴はその分大きくなる。するとその分また、のみこめる量がふえて、穴はもっと大きくなって……それがどんどんつづいていく……。

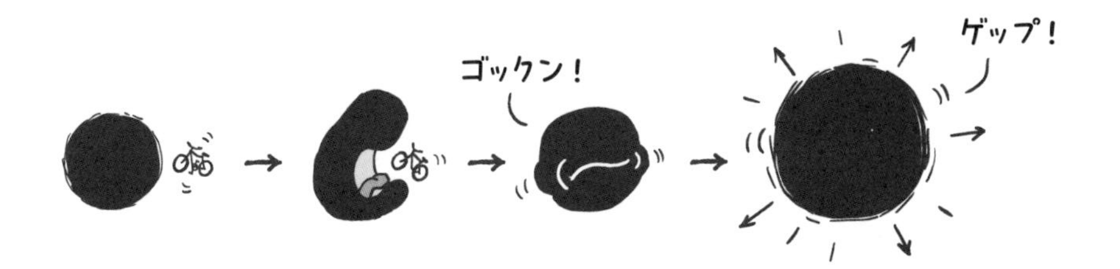

ドクター・ハワードによれば、ブラックホールは宇宙じゅうにあるという。多くは銀河の中央にあって、ものすごく大きい。たとえば、太陽系のあるこの銀河のまんなかには、直径が2400万kmもあるブラックホールがある。オーストラリア大陸の東西の幅は4000kmほどだから、このブラックホールがどれほど大きいかわかる。

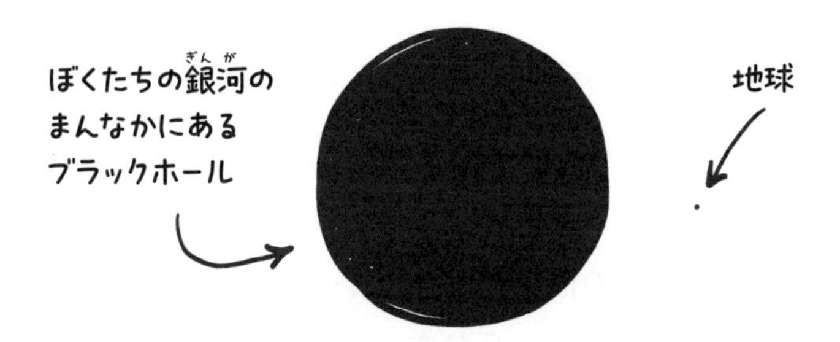

１週間前、ドクター・ハワードがブラックホールについて話してくれたのは、ぼくが新学年からミドルスクール（中等学校）に通いはじめるのが不安だっていったからなんだ。なんだか、なにもかもがこわい気がする。ミドルスクールっていうのは、ただ新しい学校っていうだけじゃなくて、なにもかもがこれまでの学校とはちがう。生徒の数は信じられないぐらい多い。

ドクター・ハワードは、ミドルスクールっていうのはブラックホールみたいなものだといった。どちらも、なかにはいったときになにがおこるか、ほんとうにはわからない。いちばんありえるのは、なかにはいるとバラバラに切りきざまれて、二度とでてこられないってことだ。そんな話をきいたら、ますます心配になってきた。

でも、ドクター・ハワードは、ブラックホールのなかがどうなっているのかわからないっていうことは、実際には最高にクールなことだっていうんだ。ブラックホールのなかがわかれば、宇宙全体のこともよくわかるようになるんじゃないかと、科学者たちは考えているらしい。

ブラックホールのなかには、べつの宇宙が丸ごとひとつあるかもしれないと考えている科学者もいるらしい。それぞれのブラックホールのなかに、銀河や恒星、惑星、もしかしたら、独自の生命までもった宇宙があるかもしれないんだ。ぼくたちの宇宙だって、ほかの宇宙のブラックホールのなかにあるのかもしれない。その宇宙にいる、きみみた

いな子どもが、ブラックホールを見て、あそこにだれかいるんじゃないかって思っているのかも！

ドクター・ハワードがいいたかったのは、なにかがとても大きく、ぶきみに見えても、もっとよく知れば、すごくおもしろいかもしれないってことなんだと思う。ミドルスクールみたいにね。ミドルスクールにまったく新しい宇宙がまっているってことはないだろうけど、新しい友だちができるかもしれないし、おもしろいことも学べるかもしれないってこと。

それはそうと、ぼくのソファ問題に話をもどそう。ざんねんながら、ソファにうもれてブラックホールのことを考えるのは、あんまりいいアイディアじゃなかった。ついでにトイレのことも考えちゃったから。

きみは疑問に思ってるかもしれないね。宇宙は真っ暗なのに、どうして真っ黒なブラックホールが見えるんだろう？　って。

ブラックホールはどこにあるでしょう？

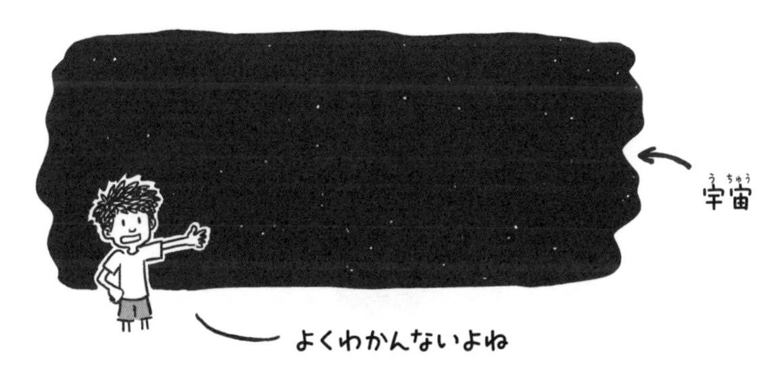

ブラックホールっていうのは、きみの家にあるトイレみたいなものでもある。きみがトイレを流すと、水（と、ほら、ほかのもの）は、まんなかの穴に吸いこまれる前にまわりをぐるぐるまわるよね？　ブラックホールでもおなじことがおきるんだ。

ブラックホールに落ちた小惑星やガス、妹の自転車なんかは、まっすぐに落ちていくわけじゃない。まず、ブラックホールのまわりをぐるぐるまわる。

そして、あんまりすごいスピードでまわるものだから、流れ星みたいに光るものもある。ブラックホールを観察していると、そんな光が見えることがときどきあるんだ。たとえば、ぼくがネットで見つけた、去年撮られたブラックホールの写真は、ものすごく大きな「光るトイレ」の水って感じだった。

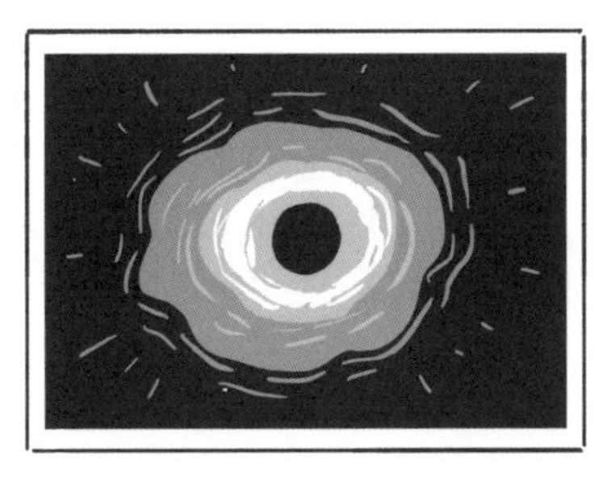

「ブラックホールの写真」でググってみて

「いま流したばかりの光るトイレのぐるぐる」が見えなくても、ブラックホールの場所を見つける方法はある。ブラックホールのまわりをまわる星やなんかでわかるんだ。宇宙の、なんにもないように見える場所のまわりを、円を描いてまわる星が見えたとしたら、そのまんなかにはブラックホールがあると思っていい。

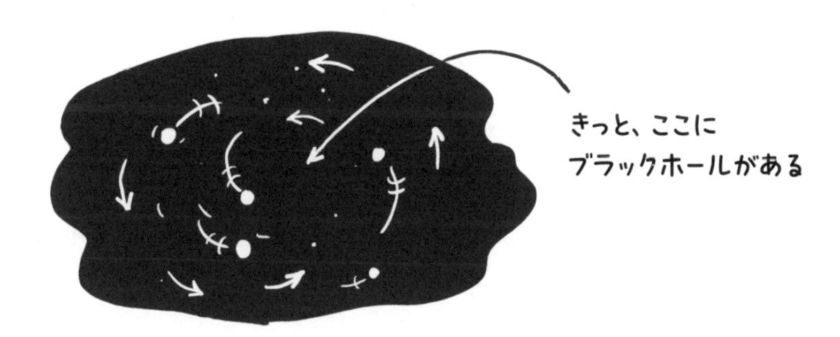

こんなふうにトイレのことを考えていると、１週間ずっとソファですごすというぼくの計画には、深刻な問題があることに気づいた。どうしたって、トイレにはいかなくちゃいけない。

いくらお金をあげるっていっても、ベロニカはぜったいにトイレをもってきてくれないだろう。だとしたら、ソファからぬけだす方法を考えなくちゃいけない。そうじゃないと、母さんと父さんは、今度こそ、ほんとうにソファを買いかえなくちゃいけなくなるってことだ。

そのとき、ドクター・ハワードがいっていた、べつのことを思い出した。ほとんどの人は、ブラックホールに落っこちたら、二度とでてこられないと思っている。ブラックホールは宇宙にあいた穴だから、ぬけだそうと、どの方向をためしてみても、そこは穴のなか。でもドクター・ハワードは、ブラックホールには「ぬけ穴」があると考えている科学者もいるといっていた。

もしきみが、ブラックホールのまんなかまで進んだら、そこにワームホールが見つかるかもしれないと考えている科学者がいる。ワームホールっていうのは、宇宙のトンネルみたいなものだ。

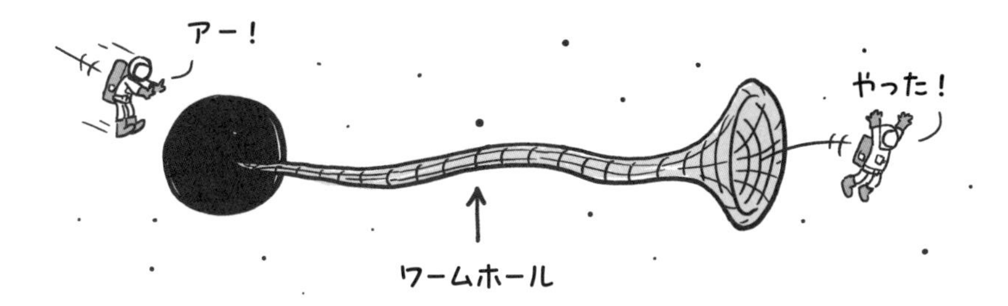

そのトンネルを通って、きみは宇宙のどこかべつの場所、たとえばほかの銀河にでるのかもしれない。もし、そんなトンネルがあるのなら、未来の宇宙飛行士は、そのトンネルを使って宇宙のほかの場所にいったり、はるか遠くのエイリアンと話したりできるかもしれない。

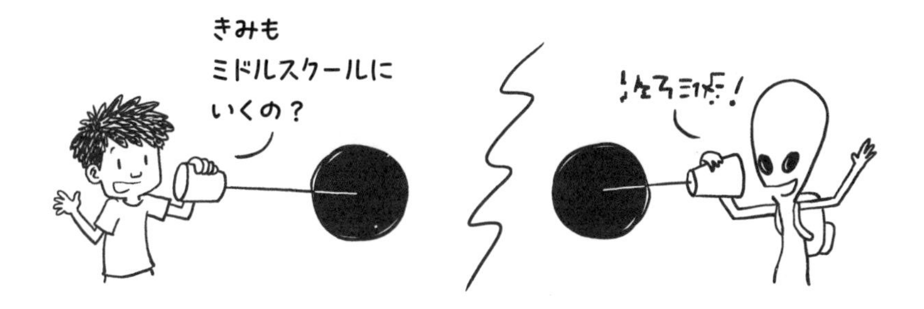

そこで思いついた。ソファの底までもぐったら、出口が見つかるかも。まるでワームホールみたいに。でも、それは

ワームホールなんかじゃなくて、ただの穴で、ぼくはそこからぬけだした。ほんとうに古いソファだから。

ぼくはトイレにいった。トイレでブラックホールについての質問を思いついたので、ドクター・ハワードにテレビ電話した。
「ハイ、ドクター・ハワード」
「ハイ、オリバー。ちょっとまてよ。いま、トイレのなか？」
「そうだよ。流すところ見たい？」
ドクター・ハワードはすぐに電話を切ってしまったので、かけなおした。
「ドクター・ハワード、ブラックホールのことで質問があるんです」
「まだトイレにいるんじゃないだろうね？」
「もうでたよ」

「手は洗った？」
「えっと……ちょっとまって……はい、洗いました」
「どんな質問？」
「ブラックホールは、どんなふうにできたんですか？」
「それはいい質問だね」
「でしょ。ぼくはいつも、トイレでいちばんいいことを思いつくんだ」

ドクター・ハワードによると、ブラックホールのレシピはすごく単純だった。

ステップ1：なにかものを手にいれる（山とか海とか）
ステップ2：それをいきおいよくおしつぶす。宇宙に穴があくぐらいぎゅうぎゅうーっと
ステップ3：大急ぎでそこからにげる

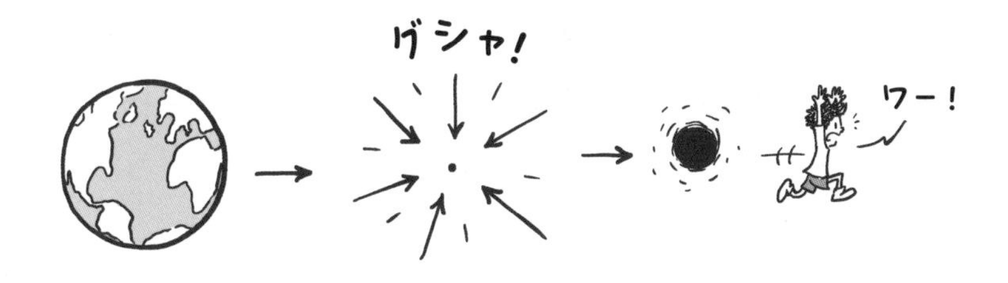

これだけ。ドクター・ハワードによれば、いちばんむずかしいのは、宇宙に穴があくぐらい、ぎゅうぎゅうーっとおしつぶすってところ。たとえば、地球にブラックホールを

作るなら、地球全体を大きめのビー玉ぐらいの大きさになるまでおしつぶさなきゃいけない。地球上のすべての山も大陸も海も、木も岩も溶岩も、小さなボールサイズにちぢめなくちゃいけないんだって。たいへん！

多くのブラックホールは、宇宙の星が爆発したときにできたのはあきらかだ。なぜなら、ブラックホールができるのは、星がおしつぶされて爆発したときぐらいだからだ。ドクター・ハワードは、星の爆発について、いろいろ教えてくれた。それはまたあとで。

だいじなのは、ぼくはソファからぬけだせたってこと。本物のブラックホールに落ちるかもって不安になることがあるかもしれないけど、心配いらない。宇宙のここからははるか遠いところに、ひょっこりでられるかもしれないから。
でも、ブラックホールの作り方を考えることで、妹からこづかいをとりもどす、いい考えを思いついた。

第4章
「ぎゅうばく」する太陽

ついにミドルスクールに通いはじめたよ！　そして、はやくも大きなトラブルにまきこまれてしまった。

でだしは、よかったんだ。ミドルスクールは、とってもでっかい。街のほかの地域のエレメンタリースクール（小学校）から生徒がたくさん集まってくる。ぼくの知らない子が大勢いるってことだ。車で送ってくれた父さんは、すこしばかり感激していたみたいだ。

そのとき、８年生たちの姿が目にはいった。

６年生と８年生って、ものすごくちがうんだ。

２年間であんなに変わるんだったら、ずっとエレメンタリースクールにいたかったな。

とはいえ、ひとりひとりにロッカーがもらえたのは、すごくうれしかった。食堂もよさそう。きいてみたら、コロッケはでないらしい。たぶん、それもいいことなんだと思う。まあ、そんなこんなで、それほどわるくないスタートだ。

ところが、理科の授業で雲ゆきがあやしくなった。かんちがいしないでほしいんだけど、理科の授業自体はよかったんだ。すべての科目のなかでも、理科はぼくがいちばん期待せずにはいられないものだった。つまり、すごく楽しみにしてたってこと。

科目	ぼくのワクワク度
理科	
数学	
歴史	
スペイン語	
体育	
国語	

理科の先生も、とてもいい感じ。バレンシア先生は、最悪の課題も、おもしろそうに変えてしまえるってタイプだ。

でも、そこでぼくは、ひどい失敗をしてしまった。先生は、自己紹介のために、これまで学んだなかで、いちばん気になっていることを書いて提出するようにいった。

先生に自分のことを印象づける、いいチャンスだ。そこで、ガンマ線について知っていることを、なにもかも書いたし、宇宙のことをすべて解説した本を執筆中ってことも書いた。将来、宇宙物理学者になるのなら、理科の先生にいい印象をもってもらうのは、損にはならないって思ったからだ。

書いたものは、先生が家にもち帰って読むんだろうと思っていたら、回収(かいしゅう)したところで先生がいった。これから、何人かランダムに選(えら)んで、書いたものを前にでて読んでもらうって。

でもまあ、たくさんの生徒(せいと)のなかからぼくを選(えら)ぶ確率(かくりつ)なんて、ほとんど……

「オリバー！」
いきなり、ぼくの名前がよばれた。

ふだんなら、人前で話すのは、そんなに苦じゃないんだけど、まわりは知らない子ばかりだ（ほかの学校から集まってきたって話したよね）。なんとかもりあげようと、せいいっぱいがんばったよ。

なかなか手ごわい聴衆だ。ぼくは深呼吸をして、ガンマ線と、ぼくが執筆中の宇宙の本についての文章を読んだ。

わるいことがおこったのは、そのときだった。バレンシア先生が、ぼくの本について、ものすごく興奮しだしたんだ。そんなこと考えた生徒は、これまでひとりもいなかったといって、本が完成したら、ぜひクラスのみんなに読んでもらいましょうといったんだ。

ほかになんていえる？　ほんとうのことをいうと、ぼくの本を実際にだれかが読むなんて、ちっとも考えていなかった。本を書こうとは思ったよ。だけど、その本を大勢のほかの子が読むとなると、話はぜんぜんちがう。とつぜん、ものすごいプレッシャーを感じたんだ。

その日の、のこりの授業はなにも問題なかった。体育のとき、スベンが脇の下の音楽で先生に注目してもらおうとしたのに、走りまわったあとで、汗びっしょりだったせいで、まともに音がでなかった、なんてことがあったぐらいで。

まあ、そんな感じでミドルスクールの初日をなんとか乗り切った。理科の授業での事件をのぞけば、いい1日だった。あとはぶじに家まで歩いて帰るだけ。

どうしてだか、どの授業の先生も、教科書を家にもって帰るようにいった。たぶん、そうすれば、ちゃんと宿題をで

きるだろうと考えたんだと思う。ふつうなら、教科書を家にもって帰るのは、いいことだ。でも、教科書って重いんだ。1冊目で

2冊目になると

3冊目で

７時間目が終わったときには、廊下を歩くのさえ、つらかった。家までなんて、ありえない。

バックパックにつめるだけで、３人がかりだ。

放課後になると、正面玄関はネイチャー・ドキュメンタリー番組状態だった。生まれたばかりのウミガメの赤ちゃんが、よちよち海を目指しているけれど、たどりつけるのはどの子だ？　って感じ。

バックパックのせいだけじゃなく、外はものすごい暑さだった。カリフォルニアの8月は、暑さのまっさかり。その日は、道路の上で目玉焼きが作れるぐらいの暑さだった。

歩きながら、理科の授業で宣言した宇宙の本を、完成できるのかどうか、心配になってきた。そもそも、つぎになにを書いたらいいのかも思いつかないんだ。それなのに、1冊まるごと書くなんて！　でもそのとき、顔を上げたら、答えがぼくを見つめているってわかった。

太陽だ！　ものすごくクールな太陽について書けばいい。実際にはクールどころか、スーパー・ホットなんだけどね。でも、その話は、またあとで。

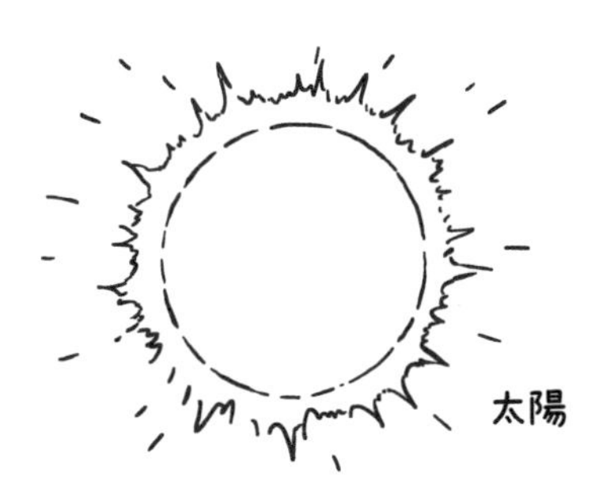

太陽のことを考えるだけで、ワクワクする。とにかく、すごく大きいんだ。太陽は直径が140万kmもある巨大な火の玉だ。地球なら100万個はいるぐらい大きい。

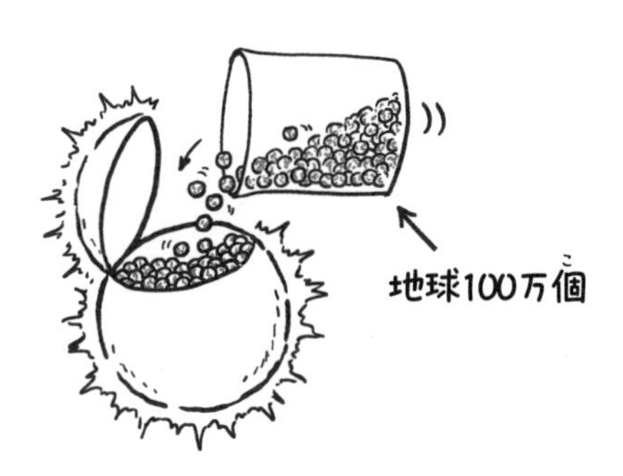

空にうかぶ太陽が小さく見えるのは、はるかかなたにあるからだ。地球から１億５千万kmはなれている。

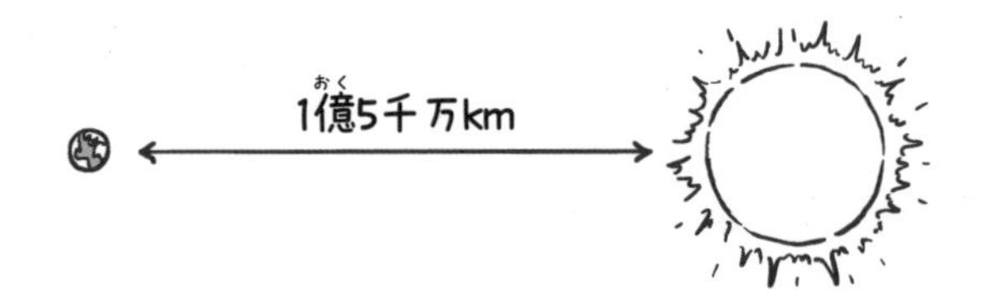

太陽まで車でドライブしたら、150年かかるぐらい遠い。うちの父さんみたいなノロノロ運転なら300年かかるかも。

宇宙でいちばん速い光でも、太陽から地球までは、しばらくかかる。ちょっとおもしろい実験をしてみよう。まず、目をつぶって、太陽の光が、いまこの瞬間に地球にむかって出発したと、想像してみて。

はい、そこで時計を見よう。壁にかかった時計でも、腕時計でもいい。そして、まつ。

まつ……
まつ……
まつ……

１分たった？　それでも、太陽の光はまだ、地球までの道のりの８分の１しか進んでいない。

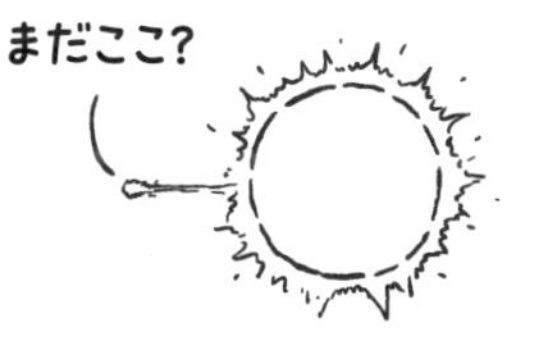

もうちょっと、まとう……
まつ……
まつ……

４分たった？　これで、ようやく半分！

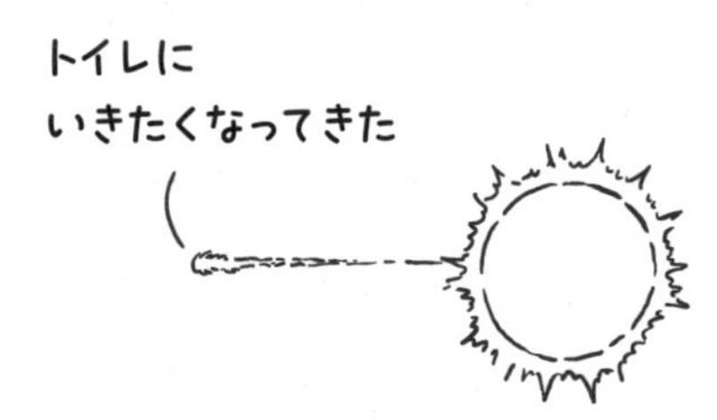

さらに、まつ……
まつ……
まつ……

8分たった？　それなら、外にでて見上げよう。きみが想像した太陽の光は、たったいま、地球についたところだから。

これはつまり、きみが見ている太陽の光は、すべて8分前のものだってことだ。地球にとどくまで、8分間宇宙を旅してくるんだ。お母さんに、なにか仕事をたのまれたのに、ほかのことに夢中で、すぐにやらなかったとしよう。でも、お母さんが気づくまでに時間がかかることってあるよね？

太陽にも、そんなことがおこるかもしれない。たとえば、色が紫に変わったとか、爆発したとか、消えちゃったりとかしても、8分たたないと気づかない！

さてと、太陽が巨大な火の玉だっていったのは、おぼえてる？　実はこれ、ちがうんだ（ごめん）。ドクター・ハワードは、太陽は燃えてるんじゃないって、教えてくれた。それよりは、ノンストップの核爆発なんだって。

太陽っていうのは、もともと宇宙にただようガスの巨大な雲が集まって、できたものなんだって。

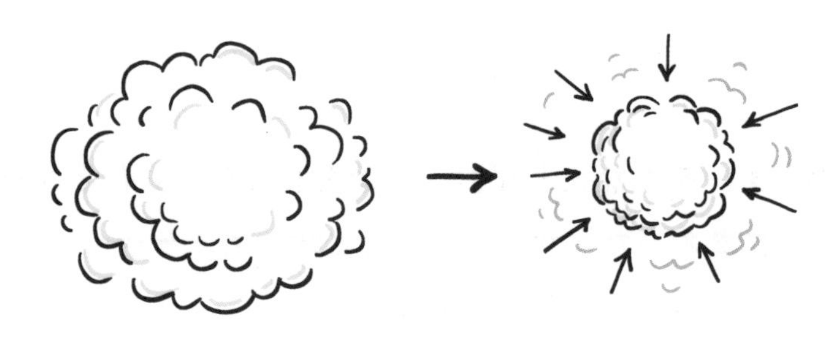

まずは、まわりじゅうからどんどんおされて、まんなかが、ひときわぎゅうぎゅうづめになる。

まんなかに生まれる強い圧力は、やがて核爆発をひきおこす。これは厳密には核融合といって、おしつぶす力があまりにも大きくなるとおこる爆発だ。

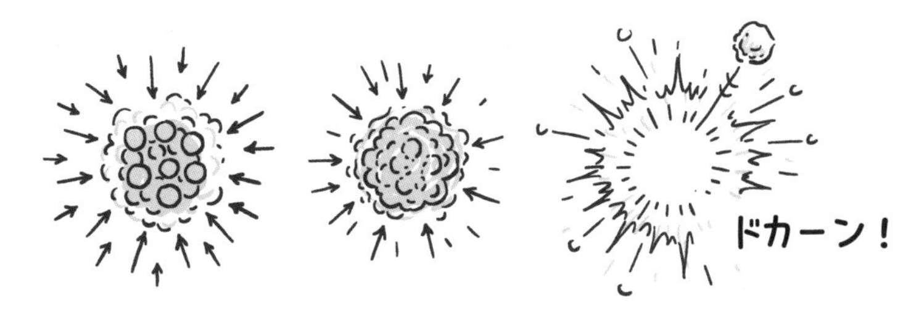

ふつうは、爆発(ばくはつ)っていうのは、こんな感じに外にむかって飛(と)びちる。でも、太陽では、まわりじゅうからぎゅうぎゅうおされているから、爆発(ばくはつ)しても飛(と)びちらない。

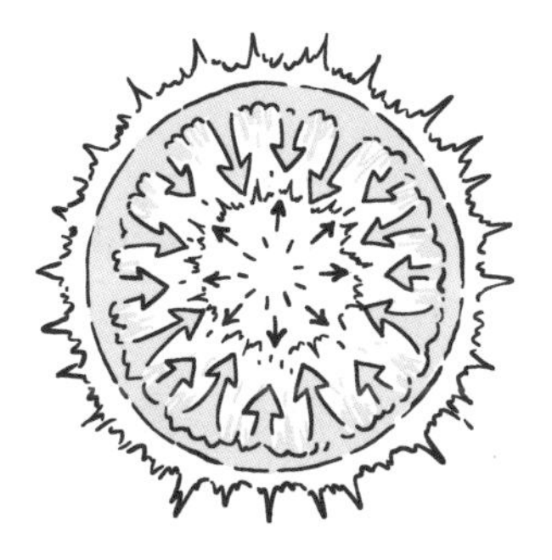

つまり、太陽のなかでは、おさえつけるのと爆発(ばくはつ)するのとが同時におこっているんだ。常(つね)に、ぎゅうーっとおしつぶしながら爆発(ばくはつ)することで、太陽は明るく輝(かがや)きつづけている。

ぼくはドクター・ハワードに、太陽のなかでおこっているこの現象(げんしょう)をなんてよんだらいいか、いいことを思いついたといった。

太陽っていうのは、直径140万kmの、巨大で、休みなく「ぎゅうばく」している、ガスの玉。

太陽はものすごく熱いっていったのは、おぼえてるよね？太陽の内側は15,000,000℃もあるんだ。あの日がそこまで暑かったわけではないけれど、重いバッグを背負って歩いているときは、まちがいなくそれぐらい暑く感じた。

おむかえの車で帰る子たちを横目で見ながらだと、なおさらだ。

しかも、太陽はぐいぐい上からおしてくる。

これも、ドクター・ハワードから教わったことなんだけどね。光というのは、実際におしてくるんだよ。その力はものすごーく弱いから、ふつうは感じないんだけど、おしているのはほんとうのこと。光にはエネルギーがあるから、光がぶつかれば、そのエネルギーにおされるっていうんだ。きみが宇宙にただよっているとしたら、だれかが懐中電灯で照らすだけで、かすかだけど、きみは動きはじめる。

これはすごい事実だけど、真夏に重いバックパックを背負って歩いているときには役にたたない。いくらごくわずかだといっても、太陽が上からおしてくるって知っていたら、「なんできょうは、雲ひとつないんだよ」とぼやきたくもなる。

でも、光の力を知って、よかったこともある。たとえば、本を書くのに感じる、すこしばかりのプレッシャーも、わるいことばかりではないとわかったし。

というのは、太陽の中心もプレッシャーを受けている。でなければ、太陽の内側でおこっていることは、なにひとつはじまらなかった。太陽はただそこにいて、光り輝くこともなかった。そして、太陽がなければ、この地球に、植物も動物も、ぼくたち人間も生まれることはなかった！

プレッシャーは、本を書くのにも役にたつかもしれない。プレッシャーがぜんぜんなければ、きっとぼくは、１日じゅうゲームやテレビで時間をつぶして、なんにも書けないと思う。

できれば、ぼくの本も光り輝いてほしいけど、太陽みたいに爆発して終わるのはいやだな。

爆発で思い出したけど、太陽もゲップをするって知ってた？　まあ、そもそもガスのかたまりなんだから、そんなにびっくりすることでもないのかも。太陽のなかのガスには、ときどき波や泡ができて、それがおたがいにぶつかりあって、宇宙に太陽の一部を吐きだすんだ。

ドクター・ハワードによると、このゲップはコロナ質量放出とよばれていて、ものすごく大きいから、地球までとどくんだそうだ。太陽のゲップは電気を帯びていて、それが

特大サイズなら、パソコンやスマホも丸こげにしてしまうんだって。太陽の消化不良がそんなに危険だなんてちっとも知らなかったよね。

それから、太陽は成長してるって知ってた？　いまだって、毎日毎日大きくなっていて、いつか地球がすっぽりのみこまれてしまうかもしれない（カリカリに焼けちゃう！）。

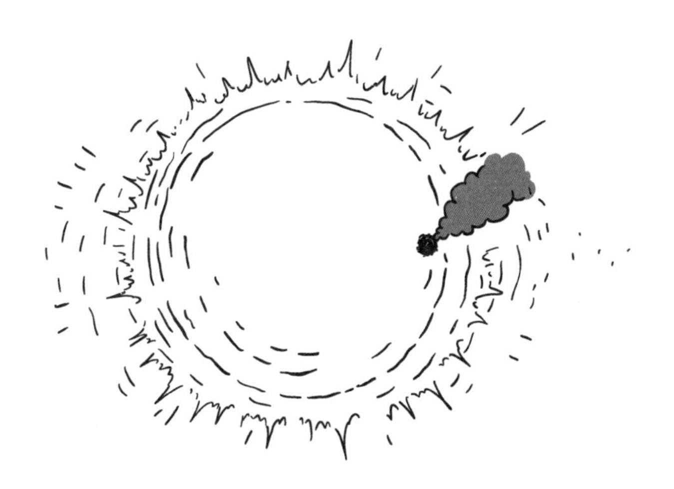

だけど、ある時点で太陽はぎゅうぎゅうおしあう材料が足りなくなって、核爆発も止まってしまう。そうすると、太陽はちぢみはじめて、ぼくがいつまでもタブレットを貸さないときの妹みたいに、ただそこでイライラくすぶるだけになる。

でも、心配しないで。まだ数十億年も先の話だから。それまでは、太陽は明るく輝きつづける。

ようやくぼくは家にたどりついた！　まだ何百万キロも先だと感じていたのに、ふと顔を上げると、家の前まできていたんだ。

家の前では、妹が水やりをしていた。そこでぼくは「水を飲ませて」とたのんだ。ホースの先はシャワーモードだったから、ぼくはびしょぬれ。

おこる気なんてなかったよ。すごく気もちよかったから。

でも、気がついた。

教科書も、びしょぬれだ！　どれももう使えない。どうやら、新しい教科書をまた家までもってこなくちゃいけないみたいだ。

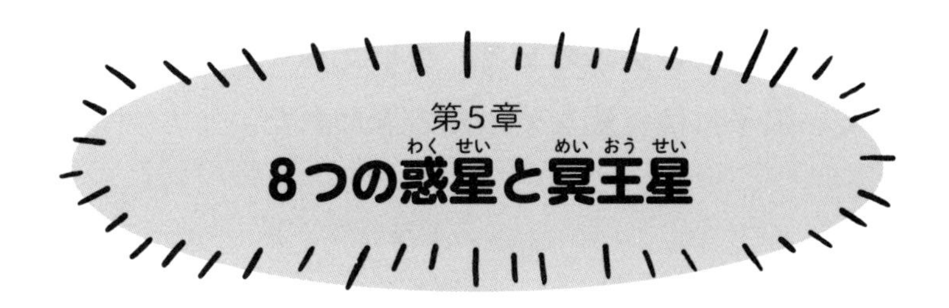

第5章 8つの惑星と冥王星

とうとうやってしまった。ミドルスクールでも、校長室によびだされたんだ。まずいよね。

どうしてそうなったか、きちんと話すけど、その前にいいニュースの方を教えるね。新しい友だちができたんだ！

最初は友だちを作ることを意識しすぎてた。そのせいで、やりすぎた。会う人会う人、みんなに、宇宙についての本

を書いてるっていいふらして、書いたページを見せていた。たいていの子には、変なやつだと思われた。

でも、いいアイディアだって、いってくれた子がいたんだ。それがイービーで、ぼくたちはすぐに友だちになった。

イービーは最高だ。ぼくんちにきて、午後のあいだずっとゲームしたこともある。はじめてだったイービーに、ぼくは勝たせてあげた。

（もしかしたら、イービーは、ぼくをこてんぱんにしたっていうかもしれない。ぼくは負けて、イライラしてたって。でも、信じちゃダメ！）

ある日、食堂でいっしょにランチを食べた。ミートボールスパゲッティの日で、とてもおいしかった。ミートボールスパゲッティは食堂でいちばんのメニューだ。特に、とろりととけたチーズののったトーストがのっかってるときは。

イービーが食べはじめたところで、なぜかぼくはミートボールが気になった。

水星みたいだって思ったんだ。太陽のまわりをまわっている惑星のグループ、太陽系のうちのひとつだ。

まず、ミートボールは丸くてあたたかい。水星も丸くてあたたかい。太陽にいちばん近い惑星だから、いつでもこんがり焼けてるってわけ。水星には空気も水もなくて、でこぼこの茶色がかった灰色のボールみたいだから、ミートボールそっくり。

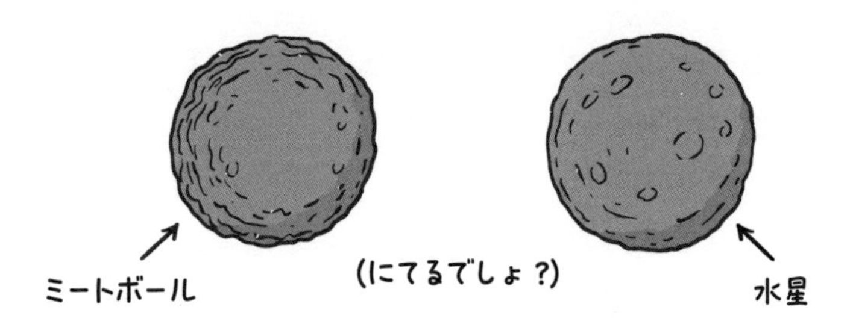

水星のすごいところは、太陽系の惑星のなかでいちばん速

いってこと。太陽のまわりを１周するのに地球が12か月かかるところを、水星はたったの３か月。

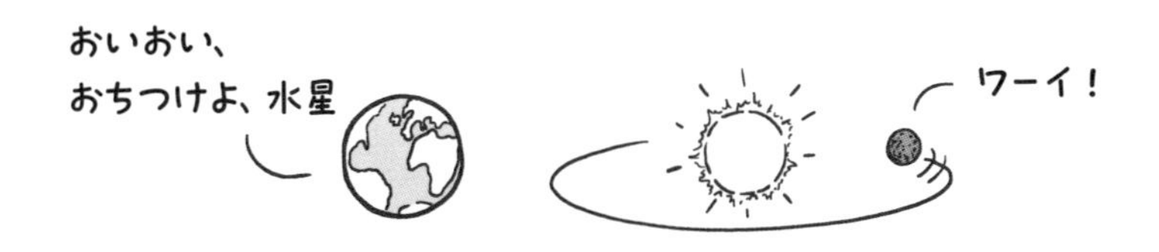

１年っていうのは、ある惑星が太陽のまわりを１周する時間のことだ。つまり、水星の1年は地球の1年よりずっとみじかいってこと。もし、きみが水星に住んでいたとしたら、３か月ごとに誕生日をいわってもらえる！

イービーはそれをきいて、とてもおもしろがった。そして、すごいアイディアを思いついたんだ。太陽系の惑星についてのマンガをいっしょに描いて、ぼくの本に載せようっていうんだ。イービーは、ばつぐんに絵がうまい。たのめば、どんなものでも、すばらしくうまく描く。

前に「サメと恐竜がたたかってるところを描いて」ってたのんだら、プロみたいにうまかった。

イービーは、太陽系の惑星をミドルスクールの生徒にしたマンガを描こうって思いついた。めちゃくちゃおもしろいと思う。太陽系には８つの惑星がある。太陽に近い順に書くと、水星、金星、地球、火星、木星、土星、天王星、海王星だ。

ぼくたちは、毎日、ランチの時間に、どんなマンガを描こうか相談した。そのマンガのせいで、校長とのあいだで、もめることになるんだけど、それはもっとあとのこと。まずは、マンガを読んでみて。すごくおもしろいから。

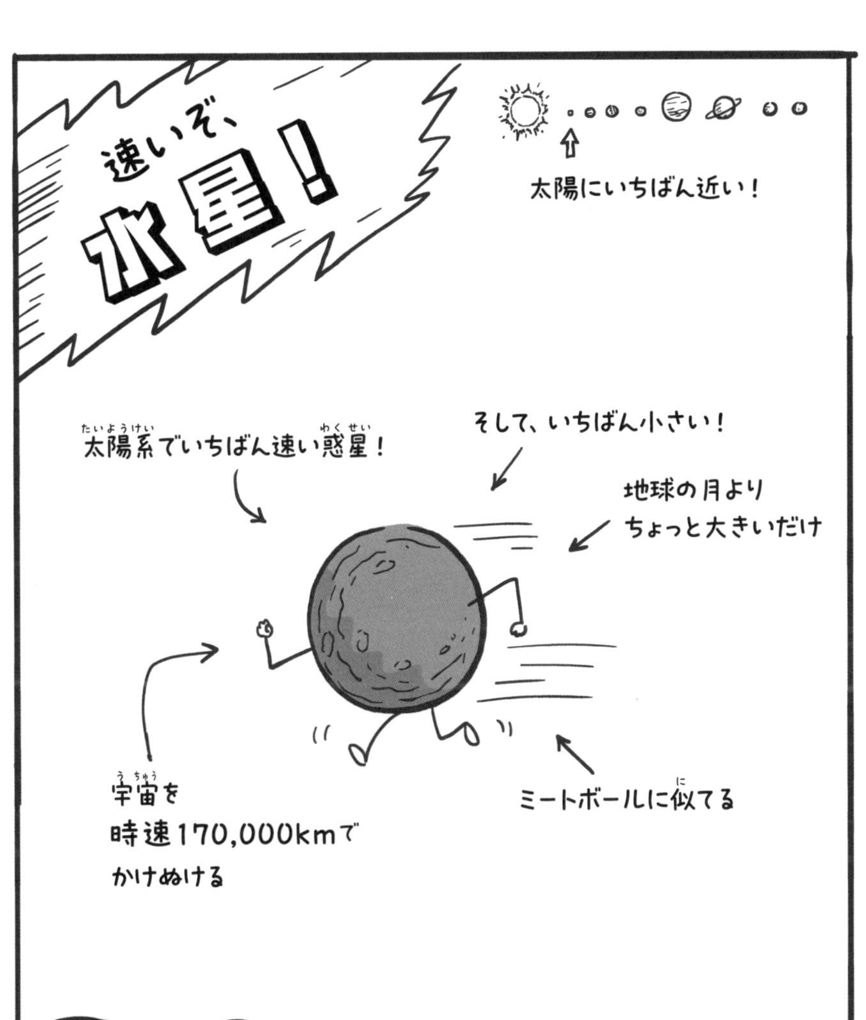

速いぞ、
水星！
太陽にいちばん近い！
太陽系でいちばん速い惑星！
そして、いちばん小さい！
地球の月より
ちょっと大きいだけ
宇宙を
時速170,000kmで
かけぬける
ミートボールに似てる

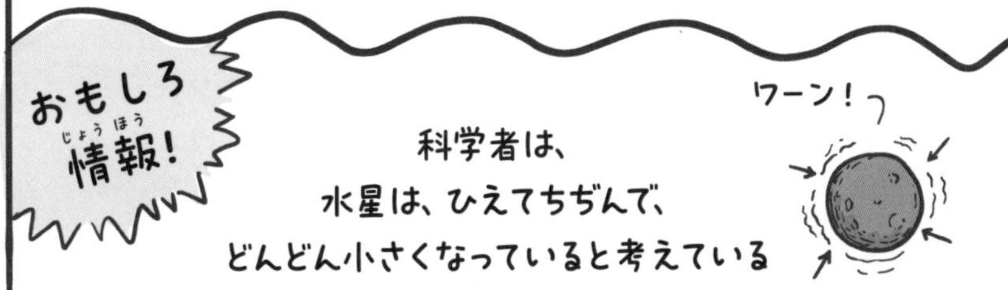

おもしろ
情報！
科学者は、
水星は、ひえてちぢんで、
どんどん小さくなっていると考えている
ワーン！

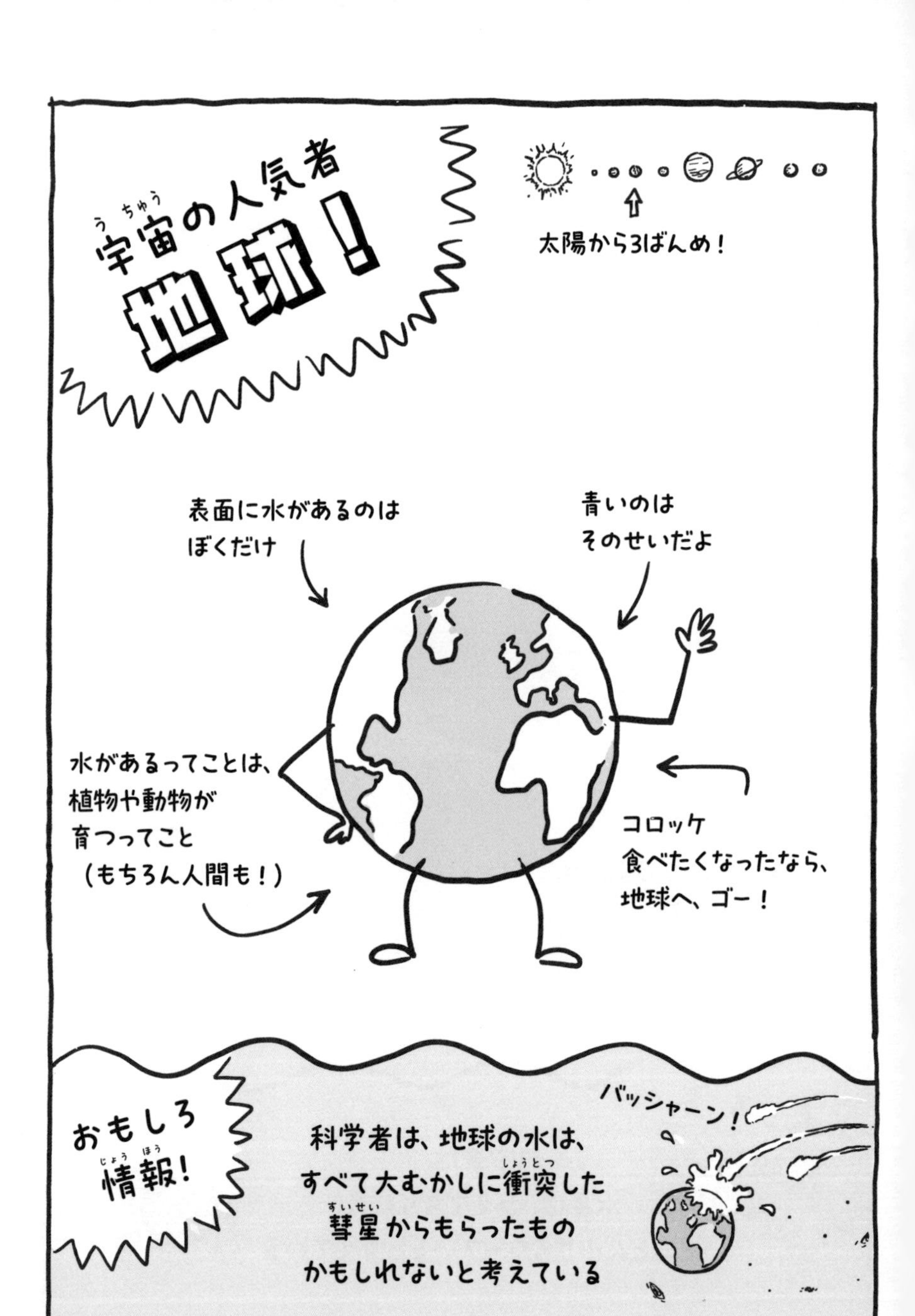
宇宙の人気者
地球！
太陽から3ばんめ！
表面に水があるのは
ぼくだけ
青いのは
そのせいだよ
水があるってことは、
植物や動物が
育つってこと
（もちろん人間も！）
コロッケ
食べたくなったなら、
地球へ、ゴー！
おもしろ
情報！
科学者は、地球の水は、
すべて大むかしに衝突した
彗星からもらったもの
かもしれないと考えている
バッシャーン！

やあ、土星と木星！
おまえって変だよね、地球
そうだそうだ
えー、なんで？ 青いから？
地球にはコロッケがあるからうらやましいんだよ
ありがとう冥王星！
きみはやさしいね、冥王星
惑星じゃないけど
ぼくだって！

冥王星のかなしいおはなし

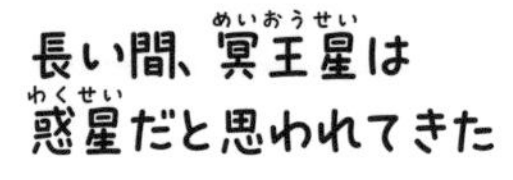

長い間、冥王星は惑星だと思われてきた

ところが、科学者は気づいてしまった

冥王星は地球の月より小さい

地球の月　冥王星

そこで、惑星とよぶには小さすぎるときまった

でも、ほかの惑星たちはいまもなかまだと思ってるよ

これが、ぼくたちが初日に描いたマンガだ。主人公は地球にきめた。地球はとても平均的な生徒みたいだから。ほんとだよ。地球はとても平均的で、そのおかげで特別なんだ。太陽系のなかでいちばん大きくも、小さくもない。いちばん暑くも、寒くもない。

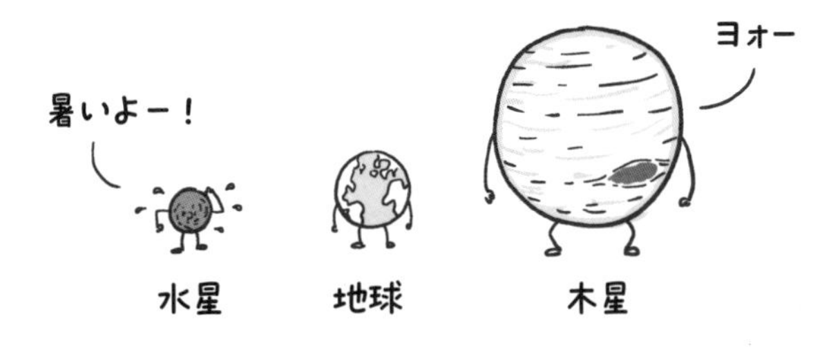

地球は、水が液体のままでいられる、ちょうどいい場所にあるんだ。おかげで植物も動物も育つ（もちろん人間も）。もし、地球がもっと暑かったら、水は全部沸騰して蒸発してしまうし、寒すぎたら凍ってしまう。

つぎの日には、金星と火星のマンガを描いた。

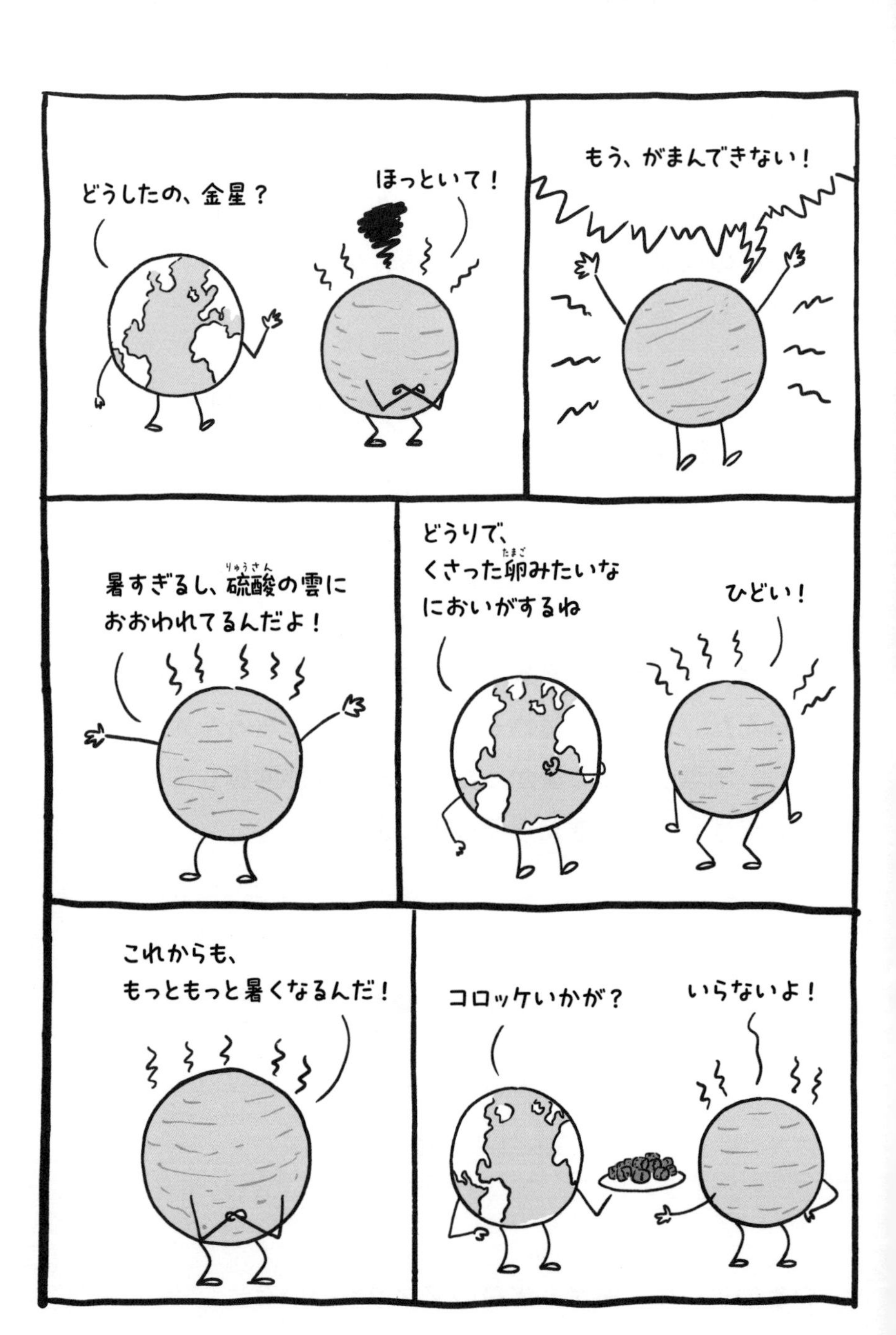
どうしたの、金星？
ほっといて！
もう、がまんできない！
暑すぎるし、硫酸(りゅうさん)の雲に
おおわれてるんだよ！
どうりで、
くさった卵(たまご)みたいな
においがするね
ひどい！
これからも、
もっともっと暑くなるんだ！
コロッケいかが？
いらないよ！

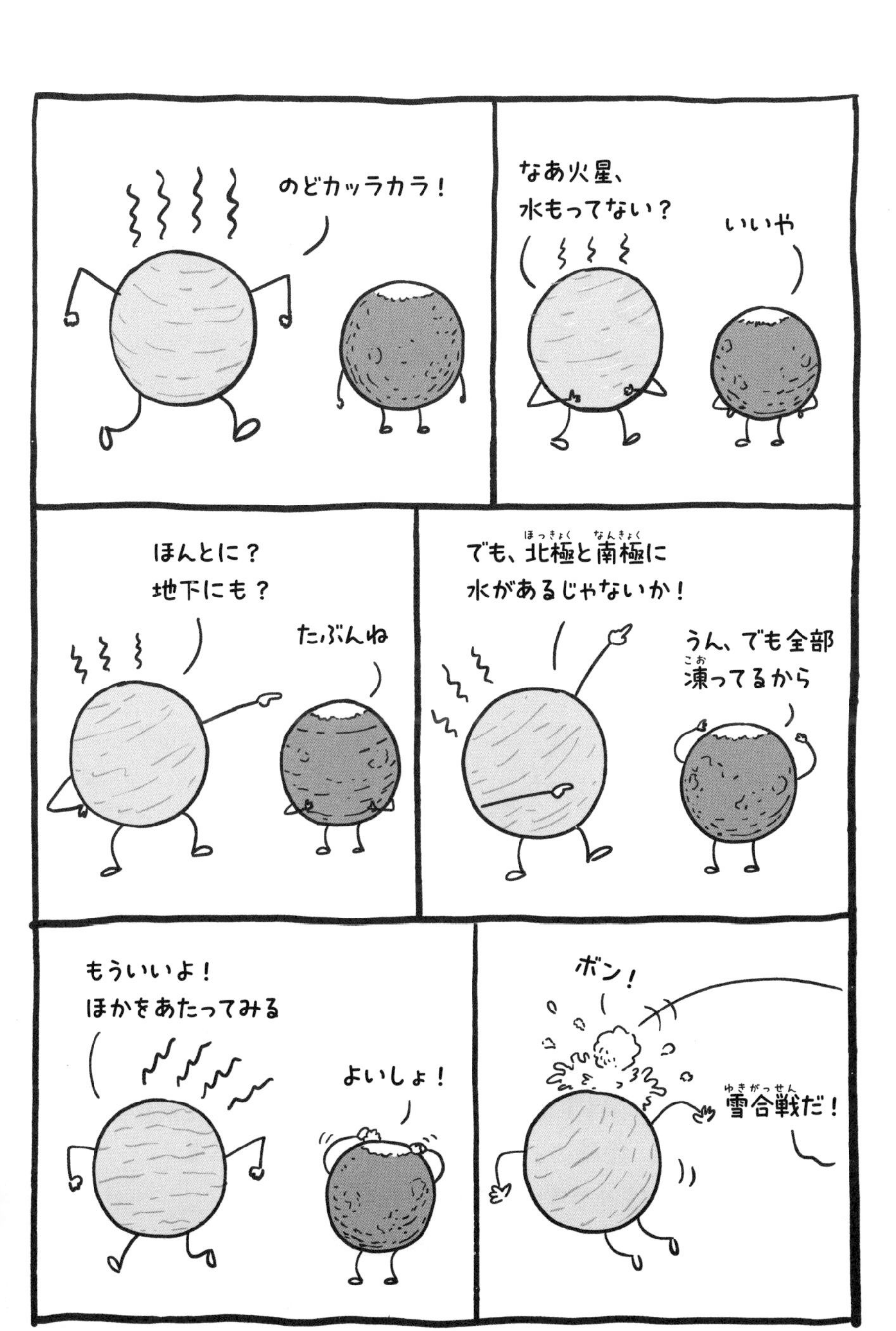
のどカッラカラ！
なあ火星、
水もってない？
いいや
ほんとに？
地下にも？
たぶんね
でも、北極と南極に
水があるじゃないか！
うん、でも全部
凍ってるから
もういいよ！
ほかをあたってみる
よいしょ！
ボン！
雪合戦だ！

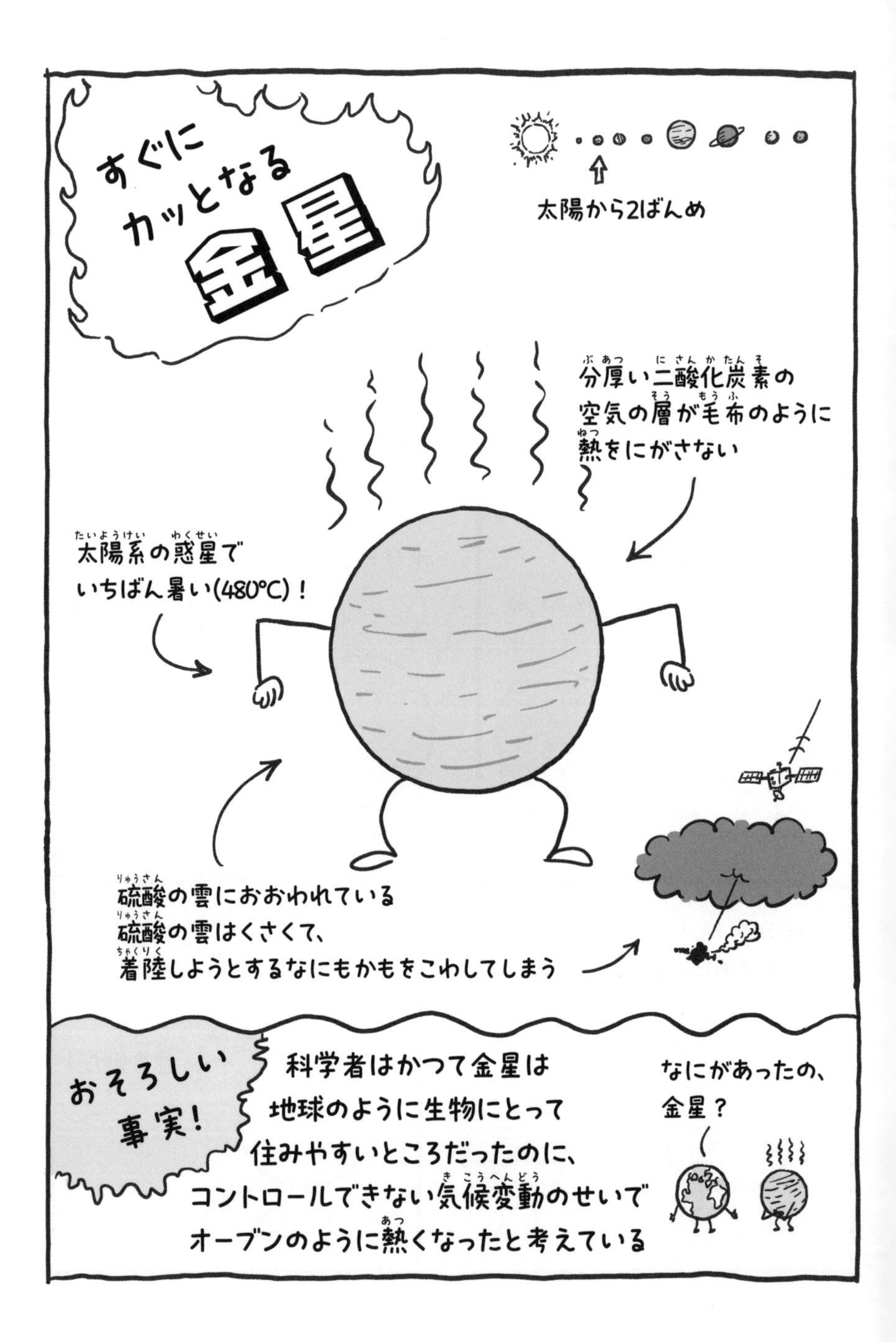
すぐに
カッとなる
金星
太陽から2ばんめ
分厚い二酸化炭素の
空気の層が毛布のように
熱をにがさない
太陽系の惑星で
いちばん暑い(480℃)！
硫酸の雲におおわれている
硫酸の雲はくさくて、
着陸しようとするなにもかもをこわしてしまう
おそろしい
事実！
科学者はかつて金星は
地球のように生物にとって
住みやすいところだったのに、
コントロールできない気候変動のせいで
オーブンのように熱くなったと考えている
なにがあったの、
金星？

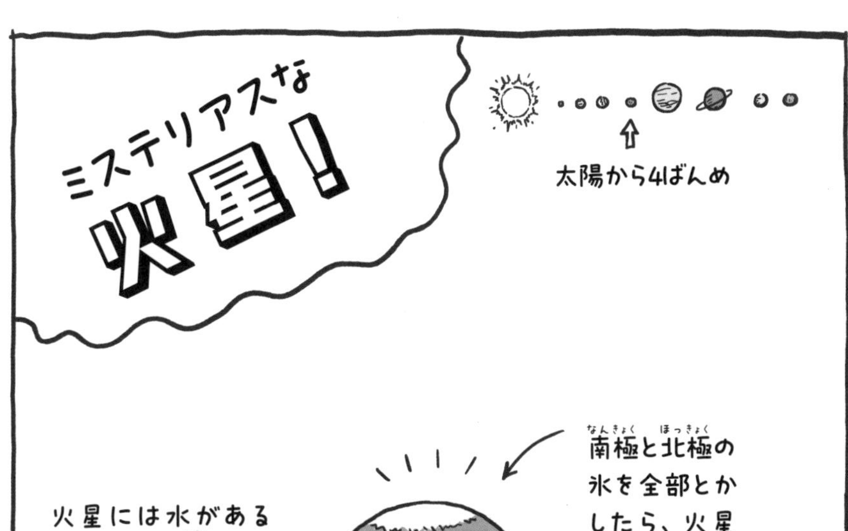

南極と北極の氷を全部とかしたら、火星全体をおおうぐらいの水になりそう

火星には水があるが、すべてが凍っているか地下にある

地球からはすくなくとも12台以上のロボットが火星に着陸した

火星が赤く見えるのは、岩のなかの鉄分がさびているから

おもしろ情報！

地球の生命体は
火星から小惑星にのって
やってきたのかもしれない

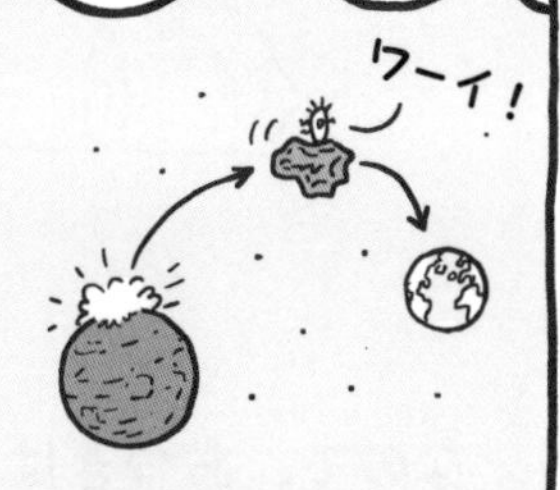

金星と火星は、地球のおとなりの惑星だ。このふたつと水星、地球は主に岩石でできた惑星だ。それ以外の惑星はほとんどがガスと氷でできている。だれも見ていないとき、この４つの惑星はバンド活動をしてるんじゃないかと、ぼくは想像して楽しんでる。そう、ロック（岩）バンドを！

ぼくたちのマンガは、だんだん人気がでてきた。何人かがぼくたちのところにやってきて、すごくおもしろいのもあるねといってくれた。

なので、おつぎは木星と土星だ。

でかいやつ

木星！

太陽から5ばんめ

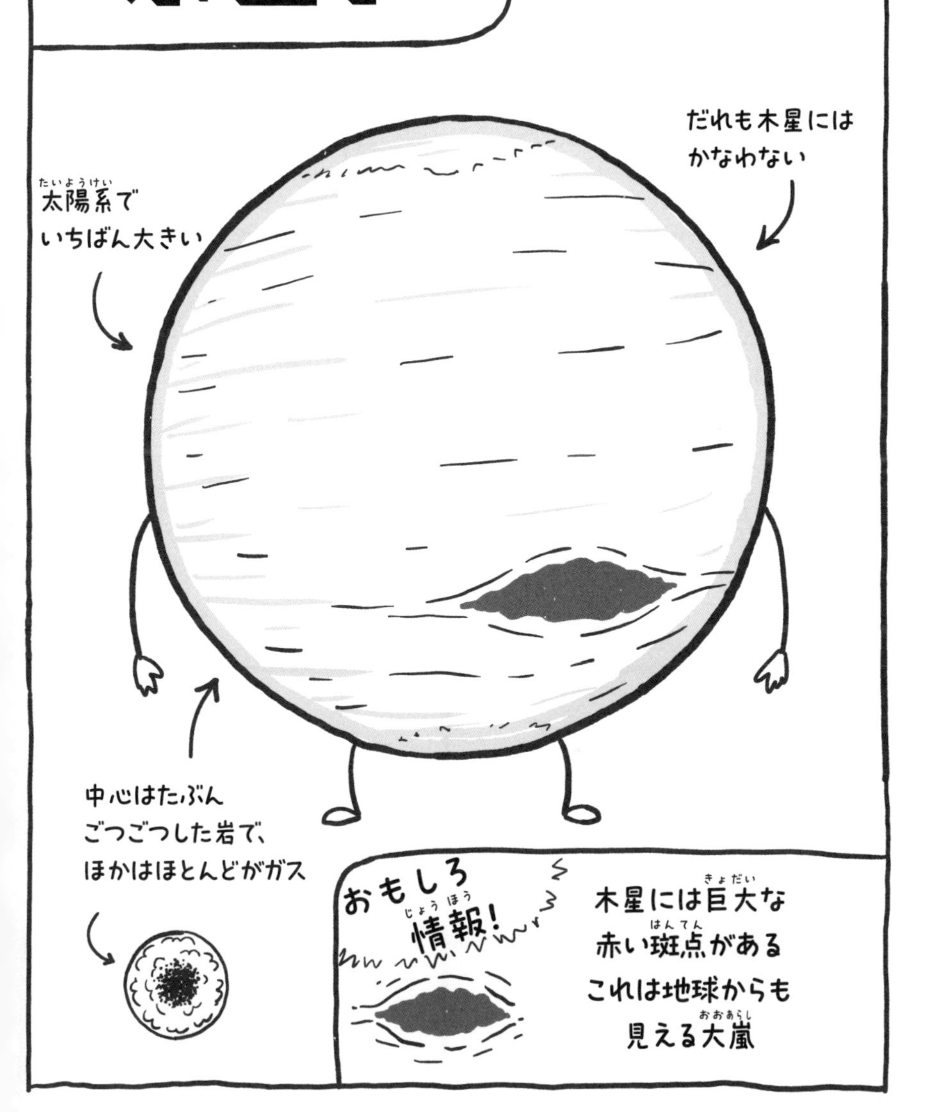
太陽系で
いちばん大きい
だれも木星には
かなわない
中心はたぶん
ごつごつした岩で、
ほかはほとんどがガス
おもしろ情報！
木星には巨大な
赤い斑点がある
これは地球からも
見える大嵐

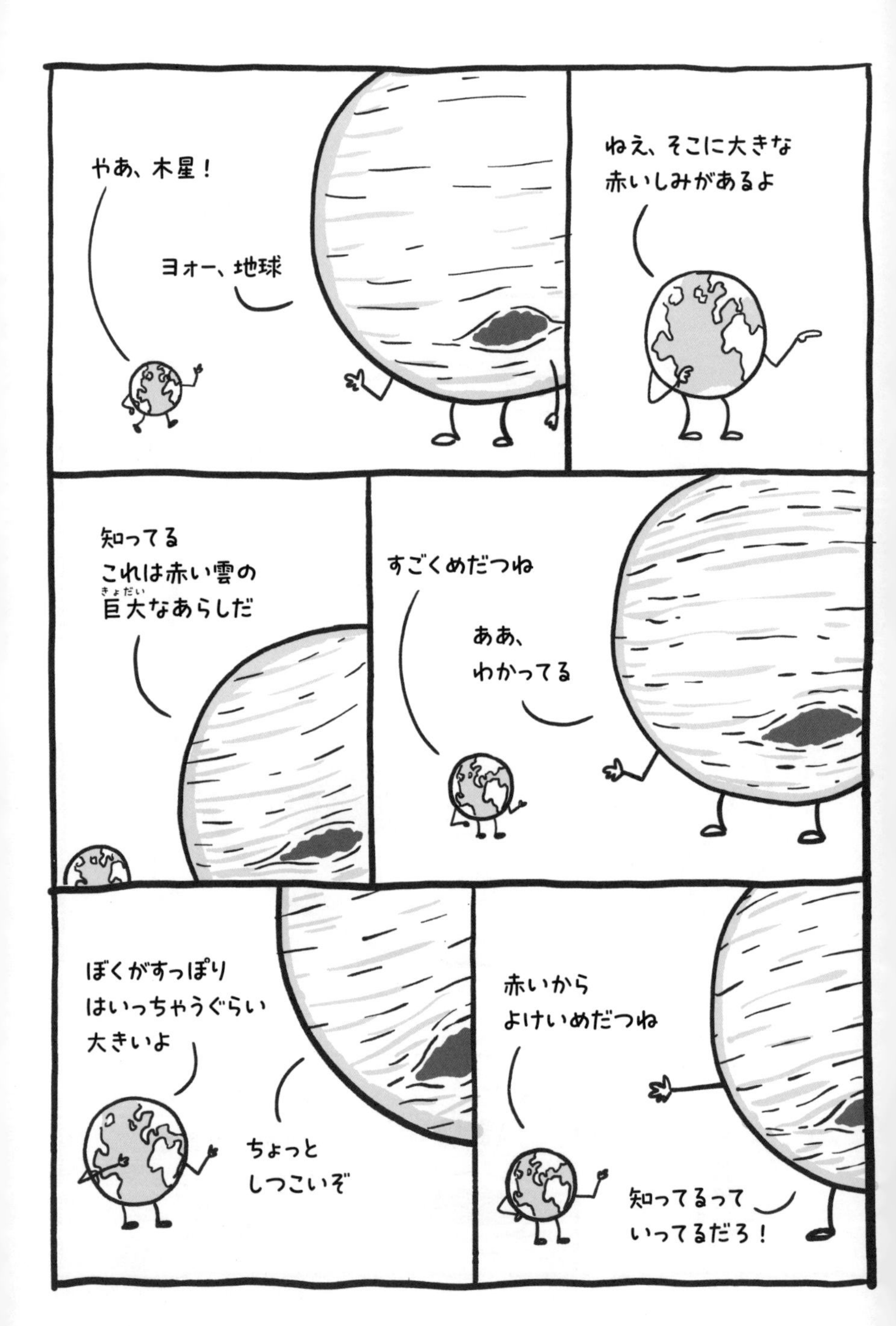
やあ、木星！
ヨォー、地球
ねえ、そこに大きな
赤いしみがあるよ
知ってる
これは赤い雲の
巨大なあらしだ
すごくめだつね
ああ、
わかってる
ぼくがすっぽり
はいっちゃうぐらい
大きいよ
ちょっと
しつこいぞ
赤いから
よけいめだつね
知ってるって
いってるだろ！

キラキラ王女
土星
太陽から6ばんめ
木星とおなじように
ほとんどがガス
太陽系で
2ばんめに大きい
土星の環のほとんどは
土星のまわりをまわる
氷のつぶ
土星は
いちばんたくさんの
月(100個以上)をもつ
キラキラ情報!
土星の研究者は、
土星にふる雨は水ではなく
ダイヤモンドだと考えている

みてみて、
このリング
すてきでしょ！
ほんとに
すごいよ、
土星
でしょ？
光があたると、すばらしいの
こんなきれいなリング、
ほかのだれももってない！
かわいいね
ぼくの月も、
かわいいよ
でも、月なら100個以上もってるよ！
すごいでしょ！

それぞれの惑星の大きさを本でつたえるのは、なかなかむずかしい。家族写真みたいに１列にならべたら、こんな感じ。

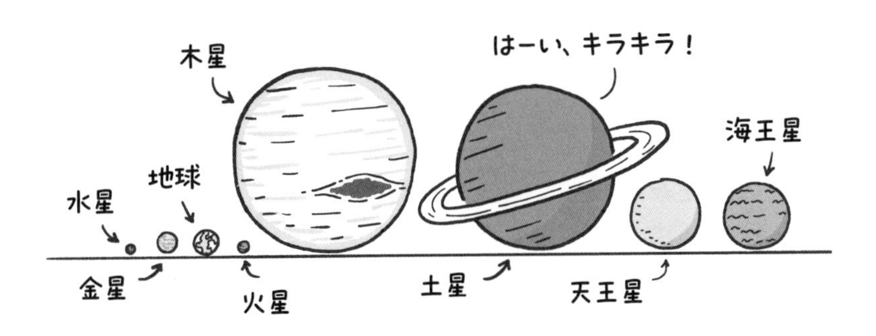

マンガの読者は、どんどんふえてきた。木星と土星のマンガを描き終えたころには、知らない子もやってきて読んでくれた。

問題がおこったのは、そんなときだった。

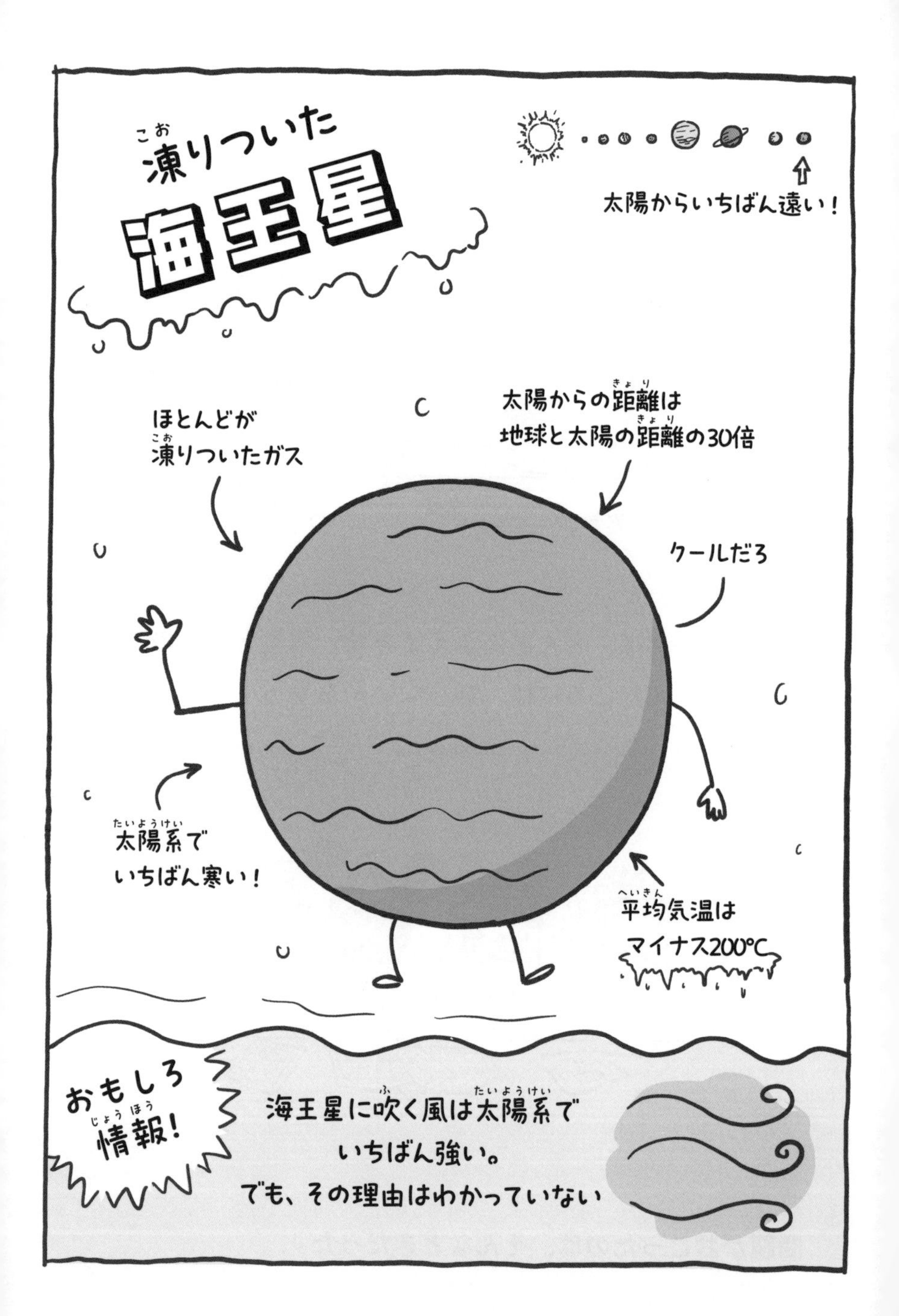

凍りついた
海王星
太陽からいちばん遠い！
ほとんどが
凍りついたガス
太陽からの距離は
地球と太陽の距離の30倍
クールだろ
太陽系で
いちばん寒い！
平均気温は
マイナス200℃
おもしろ
情報！
海王星に吹く風は太陽系で
いちばん強い。
でも、その理由はわかっていない

地球! あそびにおいでよ!
ブルブル
きみは
とんでもないところに
いるんだね、海王星
すごく寒いよ!
ゆっくりしていって!
なにか食べる?
のみものは?
うん、なにがある?
氷
氷?
それだけ?
まあね
あつあつの
ココアは?
氷だけ

□ 天王星は大きい！

太陽系で3ばんめに大きい

□ 天王星は寒い！

地球の南極より
寒い！

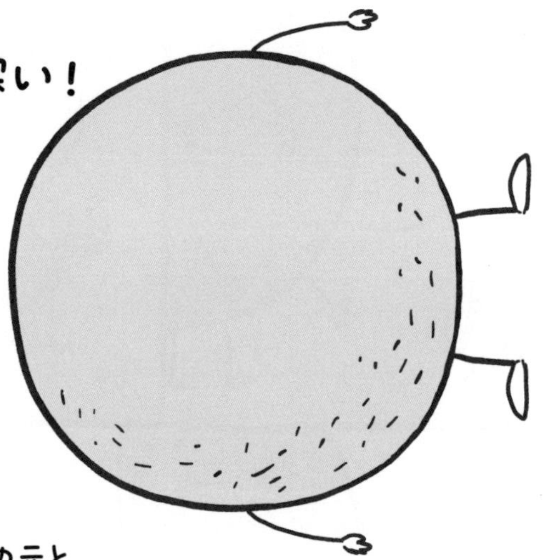

□ 天王星は くさい！

おならのにおいの元と
おなじガスの雲をもっている

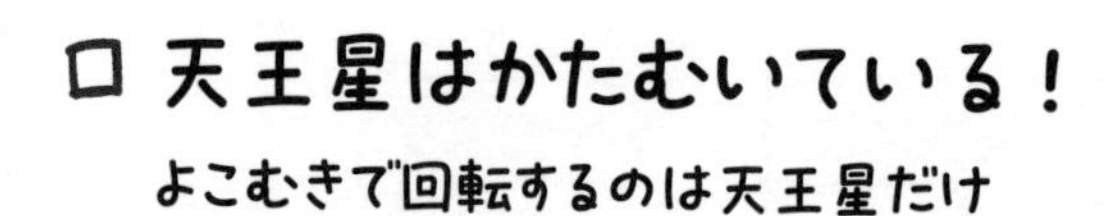

よこむきで回転するのは天王星だけ

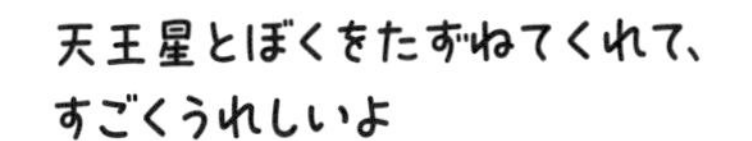
天王星とぼくをたずねてくれて、
すごくうれしいよ

太陽系のはじっこまで、
めったにだれも
きてくれないから

天王星には
会いたくないってか？

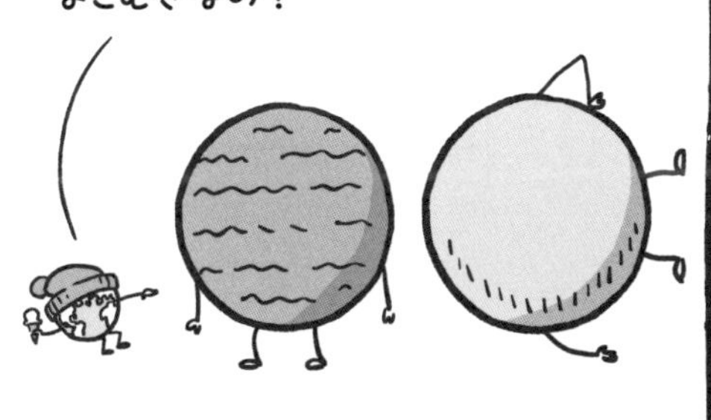
えっと、どうして天王星は
よこむきなの？

ああ、大きな岩があたって
かたむいたんだ

天王星はすごく
きずついてる
ごきげん
ななめだぞ！

天王星と海王星は、太陽系のはるかかなたにある惑星だ。惑星が太陽のまわりをまわる通り道を軌道というんだけど、このふたつの惑星の軌道はものすごく長い。

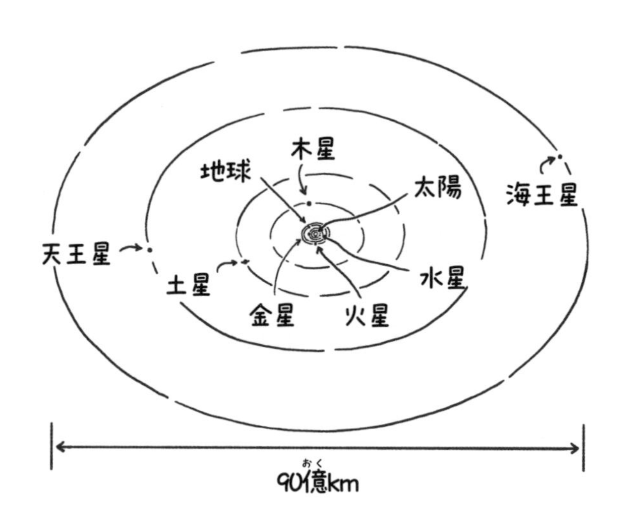

食堂で、ぼくたちのマンガを見た子は、みんなすごく気に入ったみたいだった。なかでも最後の2ページが。ランチのときには大勢にとりかこまれたけど、みんなずっと笑いっぱなしだった。ぼくたちはたちまちスターになった！

ぼくとイービーは、すごく興奮しながら食堂からもどってきた。

ところが、そのあとのホームルームの時間に、教頭のリー先生が教室にやってきて、ぼくを指さしたんだ。これまで、いやというほど経験してきたから、それがどういう意味なのか、よく知っている。ぼくは問題をおこしたってこと。

廊下にでると、イービーも教室をでてきたところだった。

ぼくは、リー先生にたずねた。「なにがあったんですか？」って。リー先生は、ランチの時間に食堂でマンガを描いていた生徒をさがしていると答えた。

ウワー、食堂でマンガを描いちゃいけなかったの？　ぼくたち、さわぎをおこしちゃったかな？　ぼくは４年生だったときのことを思い出した。それと、元友だちのホセのことを。

４年生のとき、ぼくは「思いがけず」サンドイッチを学校のトイレに流して、問題をおこしたことがあったんだ。「思いがけず」といっても、どうなるか知りたくて、わざ

とやったんだけど。思いがけなかったのは、そのあとにおこったことの方で、学校の伝説になってしまった。

友だちのホセは、そのときぼくといっしょにいたせいで、校長先生にしかられた。その事件のあと、ホセのおばあちゃんが、ホセに、ぼくとはもうつきあうなといったせいで、ぼくたちは友だちじゃなくなった。

あの日ぼくは、だいじなことを学んだ。問題をおこしてしまうと、友だちまでまきこんで、友だちではいられなくな

ることもあるってことだ。それと、もうひとつ。なにかをトイレに流すときは、まずこまかくくだいてからにするべきだってこと。

というわけで、リー先生からマンガを描いたのがだれかをたずねられたとき、ぼくは手をあげて「ぼくひとりでやりました」といった。これでイービーは、まきこまれずにすむ。

リー先生はうたがわしそうに、それなら証拠としてなにか描きなさいといった。ぼくは、せいいっぱいがんばってウサギの絵を描いた。

リー先生は納得していないみたいだったけど、「全部ぼくひとりの責任です」というと、イービーをつれだした先生に合図して、イービーを教室にもどさせた。ぼくはリー先生につれられて、校長室へいった。

ミドルスクールの校長ラジャゴパラン先生は、エレメンタリースクールのナロ校長先生から、ぼくのことをいろいろきいているといった。ぼくはなにがどうなったのか、落ち着いて説明した。

校長は、食堂でマンガを描くのはなにも問題ないといった。ぼくが校長室によばれたのは、あのマンガのテーマのせいだった。

ぼくには、よくわからない。惑星のことを話すのって、なにがわるいの？

今度は、ラジャゴパラン先生の方が混乱している。校長は、ぼくがおしりについてマンガを描いているときいたんだそうだ。

そこで、ぼくはピンときた。これは全部、天王星のせいだ。天王星（ウラヌス）ということばをきいたとき、「ウー・

アヌス」と、かんちがいする人がいるんだ。アヌスは、おしりのことだからね。

ぼくは説明した。でもラジャゴパラン校長は、まだすこしうたがっている。ぼくはおしりについてのマンガを描いているのをごまかすために、天王星をつかったんじゃないかって。そこでぼくは、専門家の証人に電話することにした。校長先生に、ドクター・ハワードに電話をさせてほしいってたのんだんだ。

これが、そのときの会話。

ドクター・ハワード：もしもし、どちらさま？

ぼく：ドクター・ハワード、真実だけを語るって誓ってください。ただ真実のみを語るって。

ドクター・ハワード：なんだ、オリバーじゃないか。

ぼく：ぼくは、いま校長室にいて、ドクター・ハワードは専門家の証人なんです。

ドクター・ハワード：この電話を切っても、また何度もかけなおすんだろうな？

ぼく：いけませんか？

ドクター・ハワード：（ため息）で、質問は？

ぼくは状況を説明した。するとドクター・ハワードは、ラジャゴパラン校長に、マンガに描かれていることはすべて正しいと保証してくれた。

ほかの惑星は、すべて太陽のまわりをコマのようにまわりながら動いているのに、天王星は90度かたむいて回転していると。

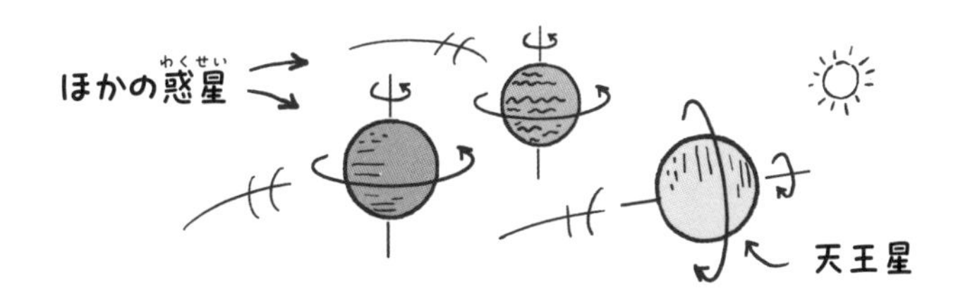

何十億年も前に、巨大な小惑星が天王星にぶつかって、そのせいで回転する方向がかわってしまったと考えられていることも。

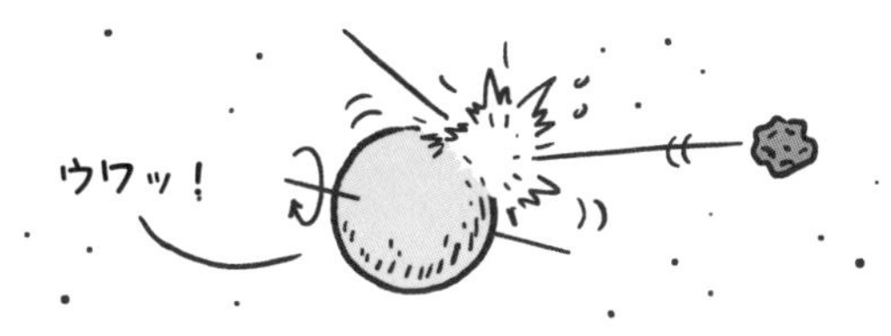

ドクター・ハワードは回転の方向がちがうせいで、天王星の1日はすごくおかしなことになっていることも話した。たとえば、もし、天王星の北極に住んでいる人がいたら、その人の1日は地球の84年分もつづく！　ドクター・ハワードは、天王星について、なにもかもお話ししましょうかといってくれたけど、ラジャゴパラン校長は電話を切ってしまった。

ラジャゴパラン校長は、ぼくのマンガの科学的な部分は全部ほんとうなので、これからも描きつづけていいといってくれた。ただし、天王星（ウラヌス）の発音については、おしりとまちがわれないように気をつけなさいと、いった。思わずぼくはこういった。

ぼくは校長室からおいだされた。イービーにうまくきりぬけられたと話したら、すごくよろこんでくれた。

それから、ひとりで責任をとろうとしなくてもよかったのに、ともいわれた。ぼくの本には、かならずイービーの名前もいれると約束して、惑星についてのマンガを最後にもうひとつ描くことにした。

どうしたの？
元気ないね、地球
やあ、冥王星

ちょっと
ブルーな気分なんだ

水のせいで
しめっぽい気分？

いや、ぼくにだけ、
人間がいるのが、もうしわけなくて

どの惑星にも人間がいたら、
すごく楽しいのに！

あれ、なんか
でていったよ
なんだって？

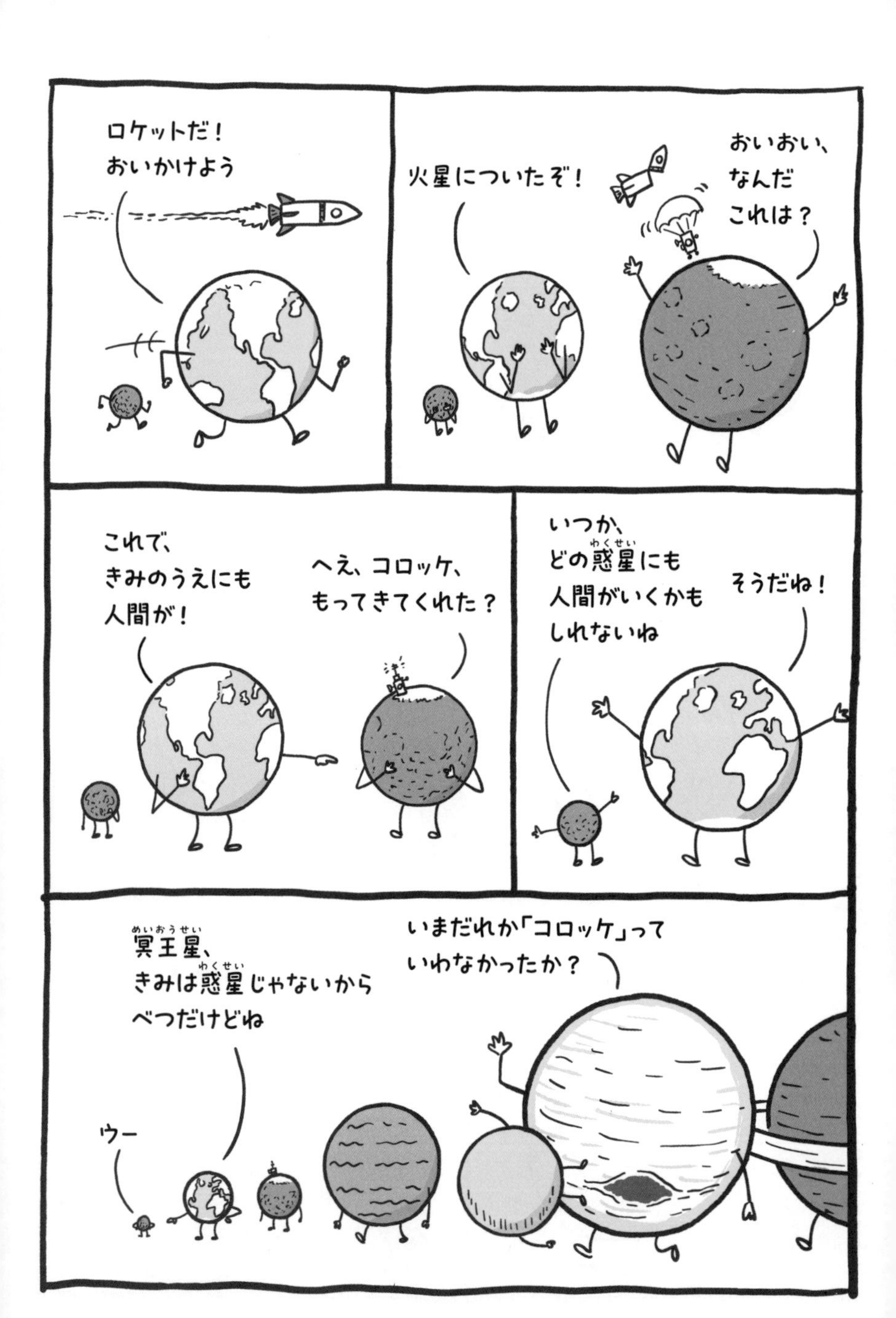
ロケットだ！
おいかけよう
火星についたぞ！
おいおい、
なんだ
これは？
これで、
きみのうえにも
人間が！
へえ、コロッケ、
もってきてくれた？
いつか、
どの惑星にも
人間がいくかも
しれないね
そうだね！
冥王星、
きみは惑星じゃないから
べつだけどね
いまだれか「コロッケ」って
いわなかったか？
ウー

第6章 ぶきみな宇宙

ぼくのまわりで、なにかすごくぶきみなことがおきてるみたいだ。

家にひとりでいるとき、ぼくはブルブルとふるえあがった。なぜかって？　2階で物音がしたんだ。きっと幽霊だ。しかも、その夜は、１年でいちばんおそろしい日だったんだから！

午前中はすごく楽しくはじまった。今年のハロウィーンは金曜日だったので、学校には仮装をしてきてよかったんだ。イービーは大好きな日本のアニメのキャラクターのかっこうをしてきた。ぼくはそのアニメを知らなかったけど、

知ってる子はたくさんいて、イービーはたちまち人気者になった。

イービーのコスチュームは、すごくよくできていた。ぼくのは、どうだったかって？　ぼくは、きのうの夜まで仮装のことはすっかり忘れてた。なにか独創的なものにしなくちゃと思って、いいアイディアを思いついた。去年きたニンジャのコスチュームに、枕とソファのクッションをつめこんだんだ。

だれもわかってくれない。ブラックホールになったのに！ブラックホールほど、おそろしいものがほかにある？

なにもかもすいこんで、永遠にとじこめちゃうんだよ！
ぼくは１日じゅう、だれにもわかってもらえなかった。

宇宙には、こんなにすごいものがあるんだから、みんなもっと勉強するべきだよ。だから、ぼくはトリック・オア・トリートにはいかないで、家で本を書くってみんなにいった。イービーは、がっかりしたけど。

ぼくは、キャンディーなんか好きじゃないふりをして、ごまかした。あとで母さんにも、どうしていかないのかときかれたけど、「もう子どもじゃないからね」と答えた。

ほんとうは、キャンディーは大好きだ。きらいになれるわけないよね。あまくて、おいしくて。それに、近所の人からふくろにいっぱい、ただでもらえるなんて最高だよ。おじいさんになっても、やりたいぐらいだ。

でも、正直いって、ぼくはトリック・オア・トリートがちょっとこわいんだ。近所の家はどこもハロウィーン用の飾りつけをしてるんだけど、そのせいで、通りはすごくぶきみだ。去年は、近所の人が超リアルなオオカミ男の仮装でとびかかってきたものだから、ほんとうにおそろしかった。

だから今年は、家からでないで本を書くことにした。でも、心配しないで。キャンディーなら、ちゃんと手に入れるから。妹のベロニカに、キャンディー１個に25セントはらうっていった。それなのに、ベロニカはぼくがソファにうもれてたときの借金があるでしょ、っていうんだ。

ふだん、洗濯物をたたむのは、ぼくとベロニカの仕事なんだけど、今度の洗濯物は、ひとりでたたむってもうしでた。

ベロニカはようやく、それとキャンディー１個25セントでなっとくした。おいしいとりひきでしょ？

ところが、こわい思いをしないでハロウィーンをすごすという計画は、うまくいかなかった。父さんと母さんがベロニカといっしょにいってしまったので、ぼくは、ひとりでるすばんすることになってしまったんだ。そして、わかった。この家は呪われてる。幽霊がいるに、ちがいない！

それは、みんながいなくなってから、はじまった。ぼくは本を書こうとソファにすわった。そのとき感じたんだ。この家には、ぼくのほかにだれかいると。

この家が呪われていることは、前から気づいていた。おかしなことが、しょっちゅうおこるんだ。たとえば、ベロニカとモノポリーをしているとき、5回もつづけて、ベロニカに負けてしまったりとか。そんなこと、偶然におこったりしないもんだ。

歴史の宿題がなくなって、家じゅうさがしまわったのに見つからなかったこともある。最後には学校用のカバンの底からでてきたんだけど、あれはぜったい幽霊のしわざだ。

ぼくは、ドクター・ハワードに助けをもとめることにした。だれか幽霊にくわしい人がいるとしたら、宇宙の研究をしている人にちがいないと思ったからだ。幽霊っていうのは宇宙の一部だからね。そうでしょ？

これが、そのときのようす。

ドクター・ハワード、
助けて！　家のなかに幽霊
がいるんです！

やあ、オリバー、
ハロウィーンのいたずらか
な？

ちがいます！
ぼくはいま家にひとりでいるんだけど、幽霊がでたんです！

おもしろいね。

ドクター・ハワードが「おもしろいね」っていうのは、だれかが、だれもしたことのないような質問をしたときだ。幽霊のことをたずねられたのは、はじめてだったんだろう。

「きみは、ひとりぼっちなんだね」ドクター・ハワードがいった。「もう暗いし、目には見えないけど、なにかがいるって感じるわけだ」

「そうです」ぼくは、いった。

「いいことを教えてあげよう。それは幽霊じゃないね」

「ほんとに？　よかった！」

ドクター・ハワードは、つづけた。

「でも、それはきっと幽霊粒子だね」

ドクター・ハワードによると、宇宙にはニュートリノとよばれるものがあるんだそうだ。サクサクのスナック菓子か冷凍のミニホットドッグの名前みたいだけど、実際に存在するもので、すごく幽霊に似ているらしい。

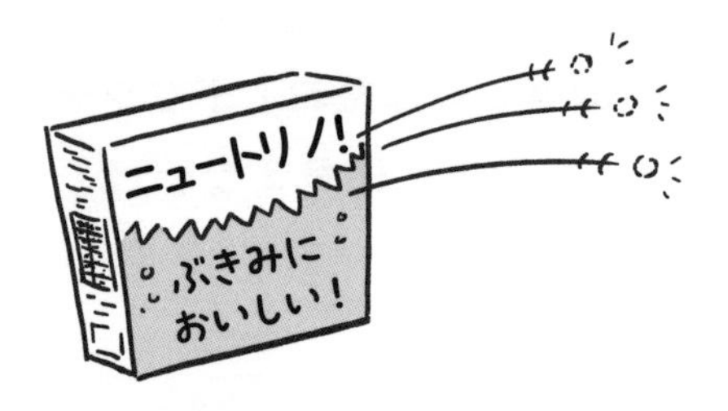

小さくてもちゃんと存在してるのに、目には見えないし、感じることもできないものを想像してみて。ニュートリノ

がそれだ。ニュートリノがあたっても、ぼくたちは、なにも感じないんだそうだ。たとえば、ニュートリノは原子にくっついたりはじかれたりもしない。それに光も反射しない。ニュートリノは「弱い力」とよばれるものにしか影響を受けない。「弱い力」っていうのは、想像がつくと思うけど、ものすごく弱い力だ。

そのせいで、ニュートリノは、まるできみがそこにいないかのように、きみの体を通りぬける。幽霊みたいでしょ？

ニュートリノは、太陽の中心で何十億個も作られていて、そこになにもないように、地球を通りぬけていくっていうんだ。

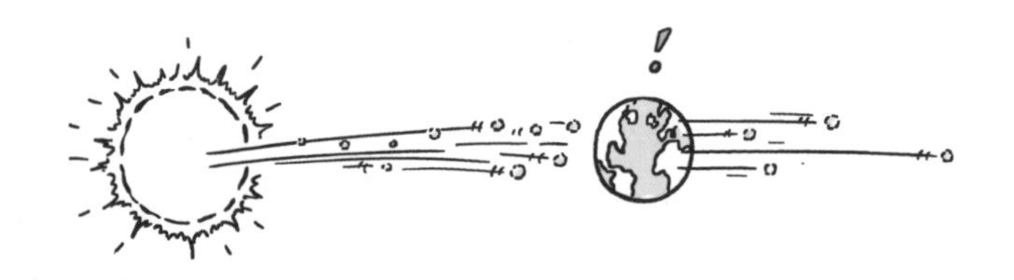

ぼくはドクター・ハワードにたずねた。「ぼくの家にいる幽霊は、ニュートリノのかたまりじゃないかな？」って。返事は「そうかもね」だった。

ニュートリノは弱い力に影響を受けるんだから、もしたくさんのニュートリノがきみを通りぬけたら、ときどきは気づくこともあるかもしれない。ごくたまに、小さなニュートリノが弱い力できみのなかの原子にぶつかって、きみもそれに気づくかもしれない。

ドクター・ハワードはぼくに、じっとすわってなにか感じないか、ためしてみろといった。

「じっとすわってるかい？」

「うん」

「なにか感じる？」

「うん、おしりがかゆい」

「それはニュートリノじゃないと思うな」

「ちょっとまって、おしりをかかせて。あー……これでよし。じっとすわってます」

しばらくして、ぼくはなにも感じないと伝えた。

「ふうむ。それなら、そいつはニュートリノじゃないかもしれないね」ドクター・ハワードは、いった。

「よかった！」

「でもそれは、ダークマターかもしれない」

ドクター・ハワードがいうには、宇宙にはべつのぶきみなものがあって、それがダークマター。そして、こいつがとんでもなくミステリアス。ダークマターは、ぼくたちのまわりじゅうにあって、ニュートリノとおなじで目には見えない（光を反射しないってこと）。さわることもできない（ぼくたちがふつうにする、おしたり、ひいたりといった力が伝わらないってこと）。

実際、ダークマターはとびきり見えない。科学者はダークマターは「弱い力」の影響も受けないと考えているからだ。つまり、ダークマターが大量にきみの体を通りぬけても、いっさい感じることができないってことだ。

不思議だよね。見ることもさわることもできないのに、どうしてそんなものがあるってわかるんだろう？　ドクター・

ハワードは教えてくれた。ダークマターには、ひとつだけ影響を受けるものがある。重力だ。重力っていうのは宇宙でものをひきよせる力だ。きみがジャンプしたり、つまずいたりしたときにころぶのも、この重力のせい。ころぶというのは、きみが重力で地球にひきよせられたってこと。

ダークマターは重力の影響を受ける。おかげで科学者は、銀河が予想以上にひきよせられているようすを見て、どこにダークマターがあるかを知ることができる。

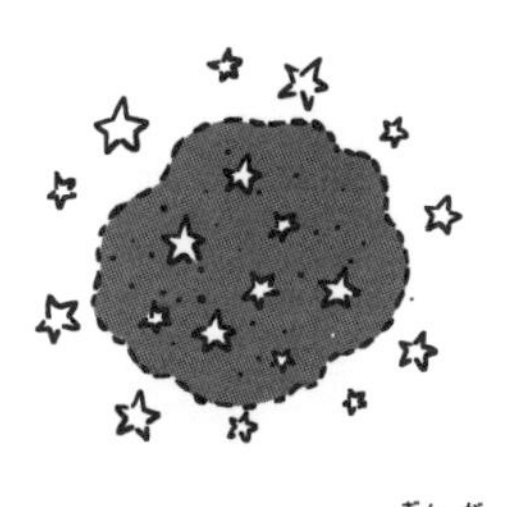
ダークマターのある銀河

ダークマターのない銀河

だれかが学校に新しいゲームをもってきたときみたいなものかもしれない。授業がはじまる前に、みんなが集まっていたら、そこになにか、おもしろいものがあるとわかるみたいに。

ぼくは、家にいる幽霊はダークマターだろうかとたずねた。すると「そうかもね」という答えが。

「きみの家の重力に、なにかおかしいところはあるかい？」

「いつもより重いみたい」

「ほんとに？」

「うん。でも、晩ごはんのピザを食べすぎたせいかも」

「そんなこと、きいてない」

「食べすぎたせいで、あしたはトイレでダークマターをたっぷり……。わかりますよね？」

「ざんねんながら、なにがいいたいか、わかるよ」

ぼくは部屋を見まわした。重力に異常はないみたいだ。まわりのものがくっつきあったり、いつもより重そうだったり、ふわふわうかんだりはしていませんと伝えた。そんなものが見えたら、すごくぶきみだろうな。

「ふーむ。それなら、ダークマターではないかもしれないね」

「よかった！」

「でも、ひょっとするとダークエネルギーかもしれない」

宇宙には、まだぶきみなものがあるんだって?!　ドクター・ハワードによると、ダークエネルギーは宇宙にある究極のぶきみな物質らしい。いや、物質ですらなくて、ただの純粋な目に見えないエネルギーだ。そして、ものすごく強力なので、宇宙を爆発させることもできる。

宇宙のはじまりには爆発があって、いまも爆発しつづけているという話、おぼえてる？　そう、その爆発をつづけさせている力がダークエネルギーだ。それは目に見えないエネルギーで、なにもかもをむりやり遠ざけている。それがなにで、なにから作られているのか、科学者にもぜんぜんわからない。そこで、ダークエネルギーなんていう神秘的な名前をつけたんだ。

ダークエネルギーっていうのは、ただなにもかもをむりやり遠ざけるだけじゃなく、宇宙空間をより大きくしているという。宇宙をおしひろげて、ダークエネルギー自体もますます大きくなる。宇宙がふくらんでいる風船だとすると、ダークエネルギーというのは、風船を大きくふくらませる空気ポンプのようなものだ。

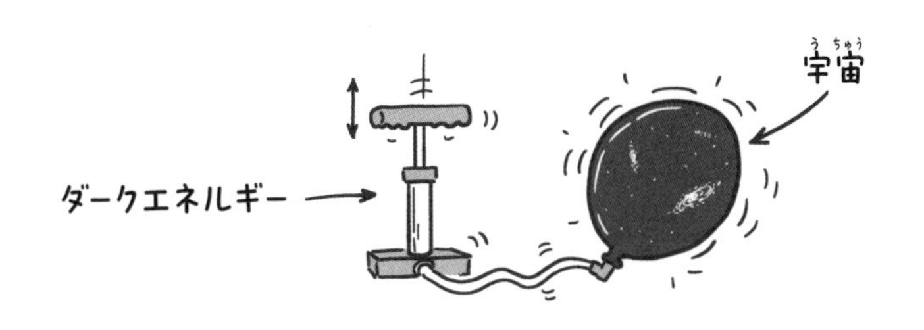

ぼくは、宇宙にはどうしてそんなにぶきみなものがあるのか、さっぱりわからないといった。するとドクター・ハワードは、ぶきみだからといってこわがる必要はないよ、と答えた。たとえば、もしダークマターがなければ、そもそも星は集まることなく、ばらばらで、多くの銀河は存在しなかっただろうといった。ダークマターがなければ、太陽系がある天の川銀河もできなくて、ぼくたちだって存在していなかった！

そして、ダークエネルギーがなければ、宇宙はひろがるのをやめて、重力のせいで、またちっぽけな点にもどってしまうのかもしれない。これはよくないニュースだ。だって、そうなると、ぼくたちはみんなつぶれてしまう。

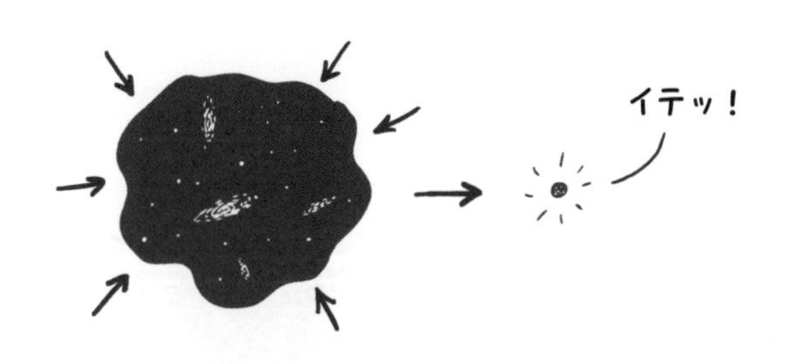

ニュートリノでさえも、ぼくたちの役にたつ。ニュートリノは恒星のなかで作られるから、太陽をふくめて恒星の仕組みを教えてくれるんだ。ニュートリノは恒星が爆発するときにもたくさん作られるから、爆発が、いつ、どれぐらいの規模でおこったのか教えてくれる。

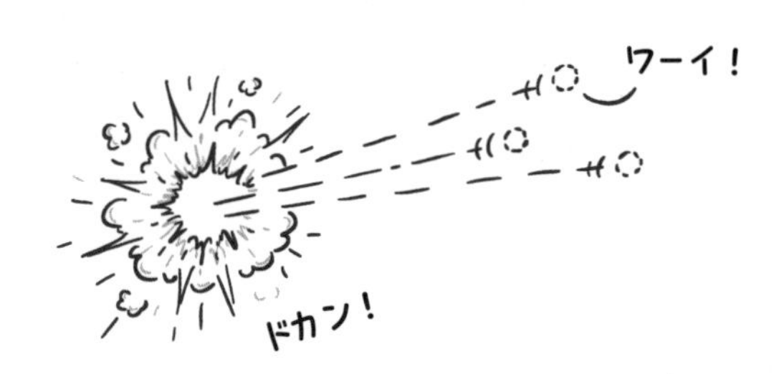

それって、すごくクールだと思う。でもぼくには、まだききたいことがある。

ところで、ぼくの家の幽霊(ゆうれい)の話は？

……（沈黙(ちんもく)）

「もしもし？」

そのとき、テレビ電話が切れた。とつぜん、2階でものすごい音がした。

それがニュートリノなのか、ダークマターなのか、ダークエネルギーなのか、わからない。でも、それがなんであれ、

そいつは家のなかを動きまわってる。2階の廊下を歩く足音がきこえる。そして、階段をおりはじめた！

ウワーッ！　もしこれがぼくの最後のことばになるとしたら、ベロニカに伝えてほしい。お墓には、ぼくの取り分のキャンディーも、いっしょにうめてほしいと。

足音はどんどん近づいてきた！　もう、ぼくのすぐうしろだ！

それは……
それは……

父さんだった。

結局、父さんは母さんたちといっしょにいかずに２階でずっと昼寝をしていたんだ。ぼくが感じた、なにかの気配は、ダークマターでもダークエネルギーでもなかった。

ただの「父さんマター」だったんだ。

ぼくは、ドクター・ハワードに電話して、真相を告げた。ドクター・ハワードは、はじめから家にだれかがいるような気がしていたといった。父さんもぼくのことを幽霊だと思っていたというところをおもしろがった。宇宙もおなじようなものだっていうんだ。宇宙にある、ぼくたちを形作っているふつうの物質よりも、ダークマターやダークエネルギーのようなぶきみな物質の方が、ずっと多いらしい。宇宙がケーキだとしたら、その割合はこんな感じ。

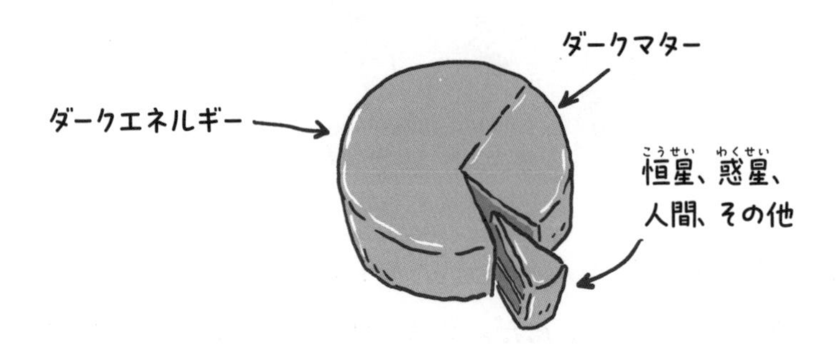

ケーキのおよそ４分の１はダークマターで、３分の２がダークエネルギーらしい。つまり、宇宙のおよそ95%は、

目に見えない、ぶきみなものってことだ。のこり５％のうすっぺらい一切れが、すべての恒星や銀河、惑星や人間なんだ。宇宙から見れば、ぼくたちの方が、よっぽど得体の知れない、ぶきみなものなのかもしれない。

ドクター・ハワードの電話を切ったあと、だれかがドアをノックした。イービーとスベンだった。

どうしようか、まよったけれど、勇気をふりしぼっていくことにした。宇宙はぶきみだけど、友だちといっしょなら、ぶきみさも、すこしはうすまる。

ぼくの仮装(かそう)は、あいかわらずわかってもらえないけど。

第7章 とんでもなく大きな宇宙

なにもかもがうまくいかなくて、大災害になったことってある？　それは美術の授業中におこった。大災害どころか、宇宙サイズの災害だったんだけど。

なにかよくないことがおこりそうだと、予測しておくべきだった。だって、ぼくには絵の才能がないから。誤解しないでほしいんだけど、ドラゴンなんかの宇宙戦争の絵だったら描けるんだ。登場人物がみんな線だけの棒人間で、ドラゴンは鼻の長いネコに見えるってことを気にしなければね。

小さかったころは、いまよりたくさん絵を描いていたと思う。でも、父さんと母さんがいうには、あるときぼくは消せない油性ペンで家じゅうに描きまくったらしい。そんな子どもはたくさんいると思うけど、ぼくの場合は文字通り「家じゅう」で、赤ん坊だったベロニカの顔や服にまで描いた。

おぼえていないけど、ベロニカの顔に描いた絵は、きっとすばらしかったと思う。でも、父さんと母さんはそう思わなかったみたいだ。それからあとは、家じゅうさがしても

油性ペンはどこにも見つからなくなってしまったから。つまり、ぼくが棒人間しか描けないのは、父さんと母さんのせいだってこと。

美術の授業を選択したのも、ぼくの希望じゃなかった。イービーに、いっしょだと楽しいと思うっていわれたから、スベンとぼくも美術をとることにしたんだ。びっくりしたのは、それは絵を描く授業でさえなかったってこと。

美術担当のスワン先生は、アートっていうのは、絵を描くだけじゃなく、なにをしてもいいといった。アートには

ルールなんかないっていうんだ。ぼくはたずねてみた。だとしたら、授業中に昼寝したり、ゲームをしててもいいってことですか、って。アートにルールはないけど、アートの授業には、いくつかルールがあると先生はいった。

先生は粘土でなにかを作るという課題をだした。好きなものを、なんでも作っていいといった。粘土なら山ほど用意しているからって。それをきいて、みんな興奮した。天才画家のマテオ・Sは、ヴェルディとかいうお気に入りの人のオペラの一場面を作るといった。だれも感心したりしなかった。

イービーはペットのハムスター、シギーを作るといった。
「すごくかんたんそう。だってシギーは小さい毛糸玉みたいで、一日じゅうゴロゴロ寝てるだけだもんね」とぼくがいったら、イービーはむっとしてたけど。

スベンも、作りたいものがきまっていた。スベンはテニスが好きだから、テニスラケットの彫刻を作ることにしたんだ。ぼくはどうかって？　なんにも思いつかない。スワン先生に、どうしたらいいかきいたら、なにか興味のあるものを思いうかべてみたら？　といった。

でも、とつぜん、すばらしいアイディアがうかんだ。宇宙を作ろう。この本のために宇宙のことをいろいろ調べてきたんだから、宇宙なら、目をつぶってても作れるはず。それに、宇宙の像なんてすごいもの、ほかのだれも作らないだろうから、独創的っていう点ではポイントが高いだろう。

ざんねんながら、
その思いつきがトラブルの
はじまりだった。

1等賞

まず最初に、粘土を用意しないといけない。それには、どれくらいの粘土が必要か計算しないと。そこで、宇宙の大きさを考えた。

前に、ドクター・ハワードにこの質問をしたことがある。ドクター・ハワードは、ぼくの本にはとてもいいテーマだといった。宇宙の大きさを考えることで、現代の子どもたちに「新たな視点を与え、宇宙への理解を深める役にたち……(こむずかしい話が延々つづいた)」ぼくは、すぐに興味をなくした。

ドクター・ハワードがいったことは、あとあとまでおぼえているんだけど、その大きな理由は「とんでもなく大きい」ということばのせいだ。きみもきっと、宇宙の大きさについて話すときには、なんども使うことばだと思う。そう、宇宙はとんでもなく大きいんだ。

まずは地球の大きさからはじめよう。地球は直径およそ12,700kmほど。すごく大きく思えるけど、直径1,400,000kmの太陽とくらべれば、ほんのちっぽけな天体だ。太陽と地球をならべて絵に描いたらこんな感じ。

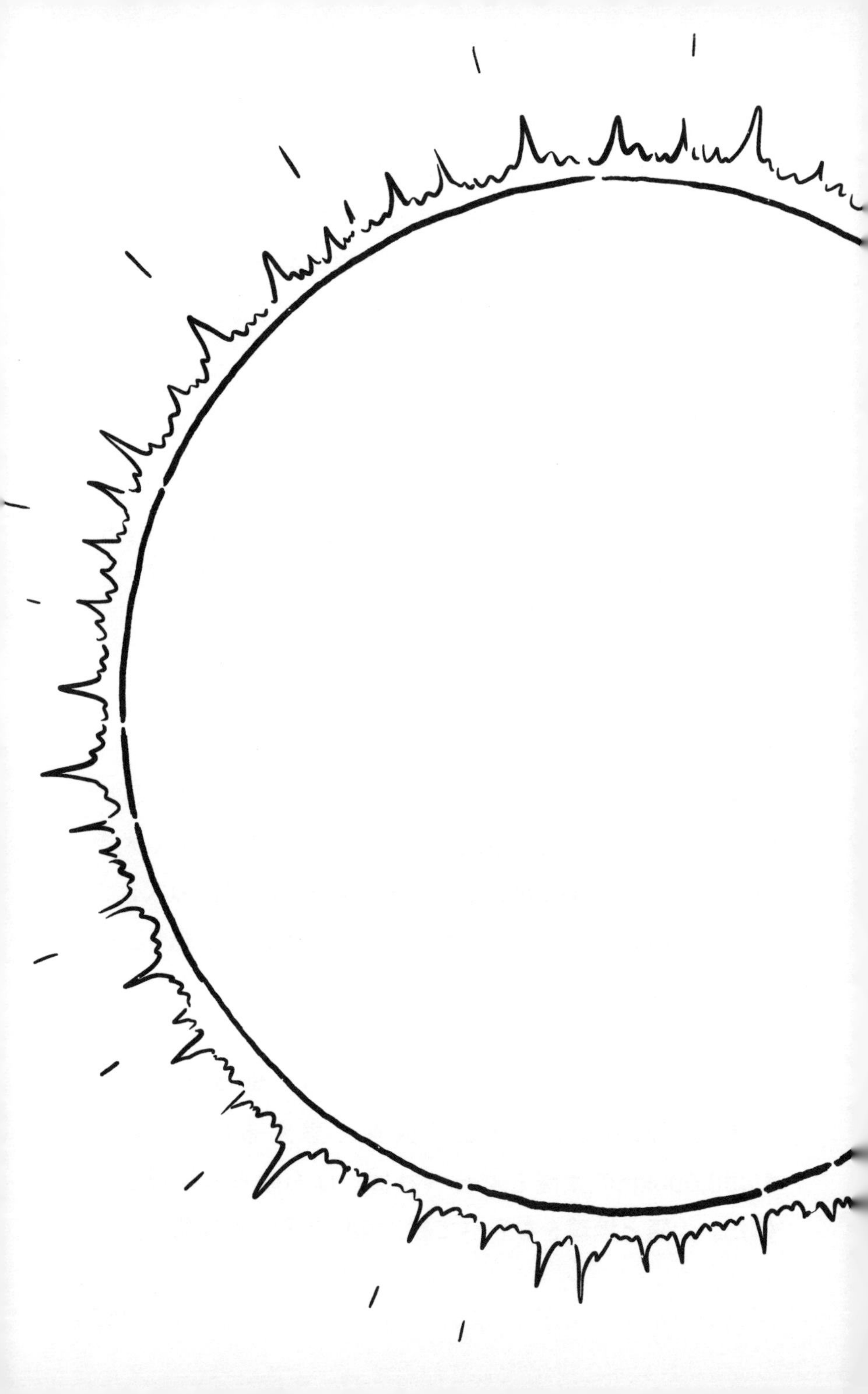

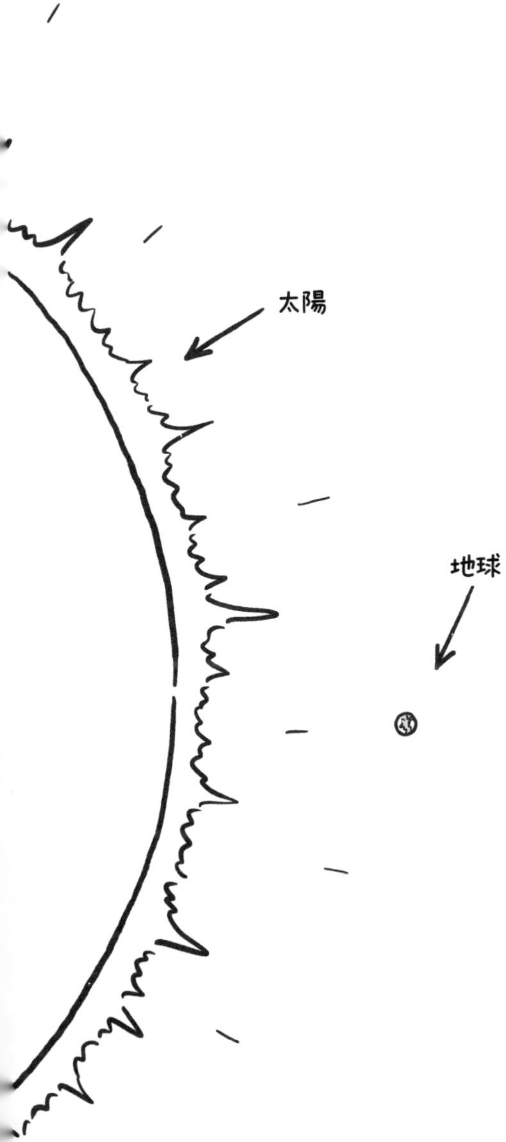

太陽

地球

すごく大きいよね。それでも、この太陽だって、いちばん大きい星というわけじゃない。太陽の何千倍も大きい星だってあるんだ。

たとえば、「たて座UY星」とよばれる恒星の直径は、およそ2,300,000,000km。太陽とならべたらこんな感じ。

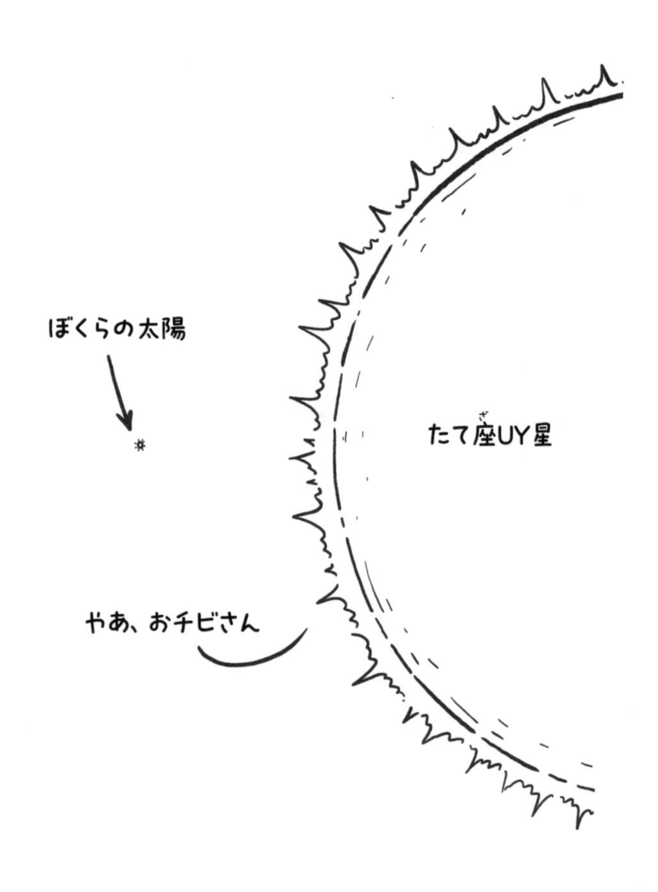

たて座UY星なんて、よびにくい名前だけど、これだけ大きくちゃ、文句もいえないよね。たてつけないってこと。たて座だけにね。

ドクター・ハワードがいうには、宇宙(うちゅう)にあるものの大きさを数字であらわそうとすると、たいへんなことになるらしい。たとえば、ぼくたちの太陽がある、星でいっぱいの天の川銀河(ぎんが)の直径(ちょっけい)は1,000,000,000,000,000,000kmもある。ゼロだらけで目がまわっちゃう。

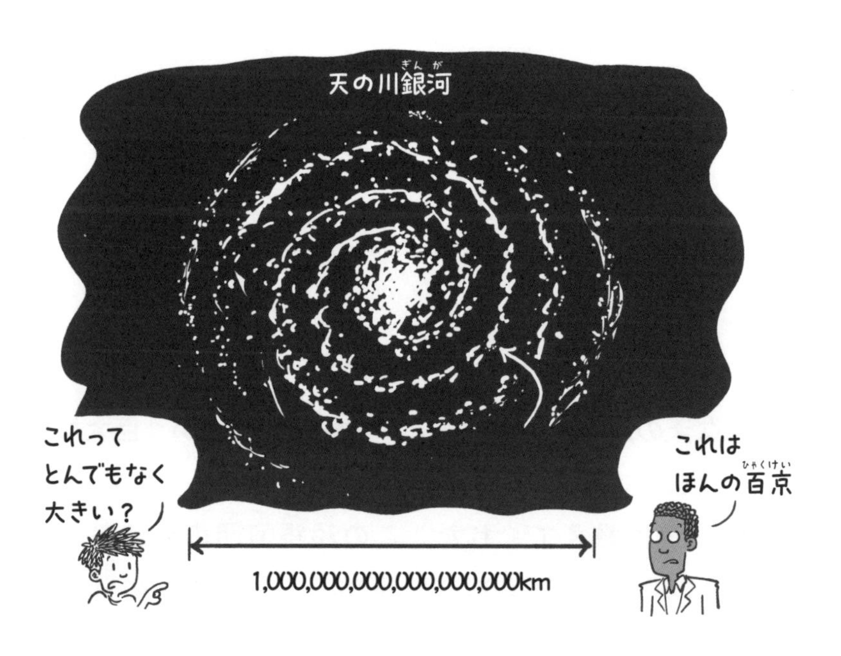

天の川銀河はすごく大きい。はじからはじまで光の速さでも10万年もかかる。光は宇宙でいちばん速く動くんだから、ものすごい距離だ。光は１秒間で地球を７周半もまわれるんだから。想像してみて。そんなに速い光でさえ、銀河のはじからはじまでは10万年もかかるんだ。銀河がどれほど大きいかわかるよね。

そんな天の川銀河も、ラニアケア超銀河団という巨大な銀河の集まりのうちのひとつにすぎないんだと、ドクター・ハワードは教えてくれた。この超銀河団の幅はおよそ5,000,000,000,000,000,000,000km、10万個もの銀河がある。

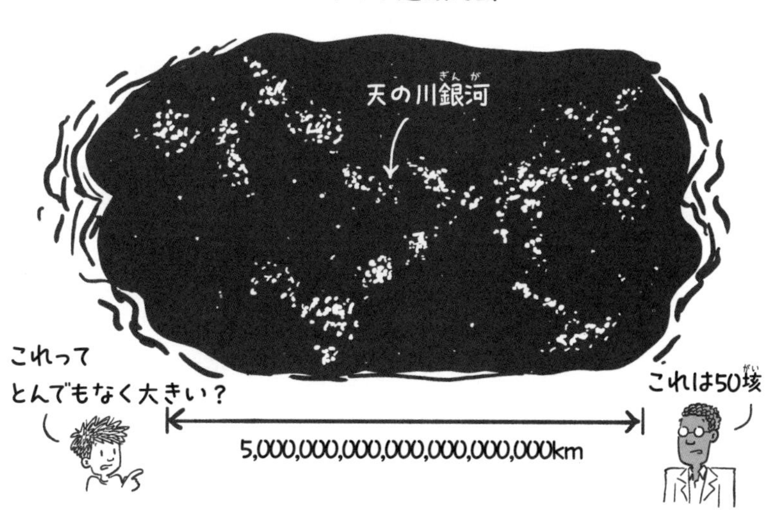

もう頭がクラクラしてきた。ぼくたちは地球とくらべればちっぽけで、その地球は太陽にくらべれば、もっともっとちっぽけ。ところが、その太陽だって天の川銀河とくらべればもっともっともっとちっぽけだ。そしてその天の川銀河も、ラニアケア超銀河団とくらべれば、超超超超ちっぽけなんだから。さすがに、宇宙もこれでおわりだと思うでしょ？　ちがうんだ。

ドクター・ハワードはいった。この宇宙にはラニアケア超銀河団のような超銀河団が1千万個はあるだろうと。それじゃあ、銀河が1兆個だよ。だとしたら、宇宙はどれぐらい広いのかとたずねたら、「われわれが見ることができる範囲では」幅が900,000,000,000,000,000,000,000kmだっていうんだ。

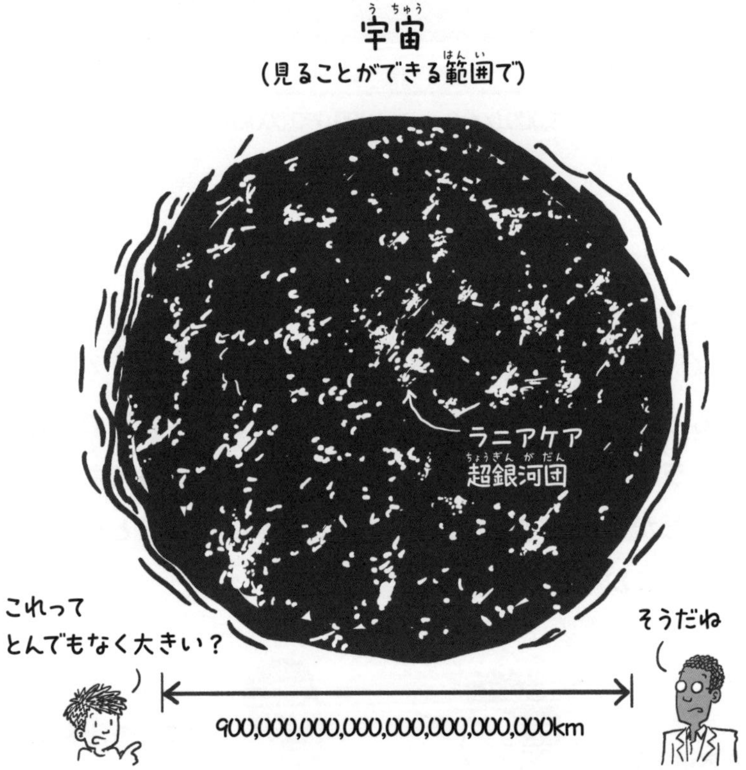

宇宙
(見ることができる範囲で)

ラニアケア
超銀河団

これって
とんでもなく大きい？

そうだね

900,000,000,000,000,000,000,000km

粘土がたくさんいるのは、まちがいない。宇宙をあらわすものを作るのなら、できるだけ大きくしなくちゃだめだ。だからぼくは、スワン先生に、追加の粘土をおねがいした。

ぼくは粘土を自分の作業台にもっていった。ずいぶんたくさんだ。イービーの方を見て、小さなハムスターにしておけばよかったと思った。

ドクター・ハワードが、宇宙の大きさを「われわれが見ることができる範囲では」といったことに気づいたと思う。ということは、もっと大きいかもしれないってことだ。

ドクター・ハワードに、どうして宇宙全体を見ることができないのかとたずねた。大きすぎるから、というのが答えだった。宇宙には、あまりにも遠すぎて、光がまだとどかない部分があるっていうんだ。

ぼくたちをとりまく宇宙のことを「観測可能な宇宙」とよぶんだそうだ。ぼくたちの目や天体望遠鏡で見ることができる宇宙のことだ。真夜中に、小さな懐中電灯をもって野原のまんなかにいるところを考えてみて。懐中電灯が照らすのは近くのものだけだ。光のドームのなかにいて、野原全体がどれほど大きいのかは見当がつかない。

その野原がとてつもなく大きいのか、それとも実は、光のドームのすぐ外で終わっているのかもわからない。
それとおなじように、宇宙は人間の目で見ることのできる限界の900,000,000,000,000,000,000,000km先までつづいているのかもしれないし、それよりさらに大きい可能性だってある。

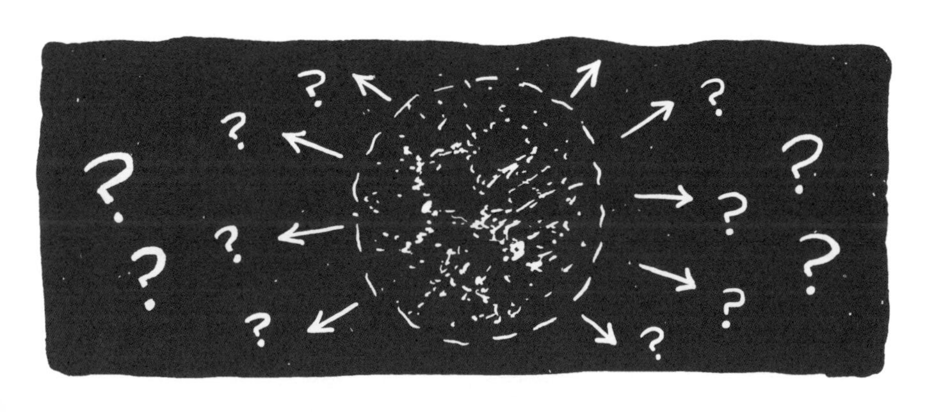

念のため、ぼくはもっとたくさん粘土をもらうことにした。スワン先生が教室にいなかったので、自分でとることにした。きっと先生は、科学的に正確なものに近づけるのを応援してくれると思ったので、ぼくはのこりの粘土を、手おし車ごと、全部ぼくの作業台に運んだ。

イービーは、ちょっと心配そうだ。でもぼくは、ほんとうの宇宙にくらべたら、ないのとおなじくらい小さいんだといった。ドクター・ハワードは、宇宙は無限大の可能性もあるといったんだから。無限大というのは、四方八方すべての方向に、どこまでもどこまでも永遠に広がってるってことだ。

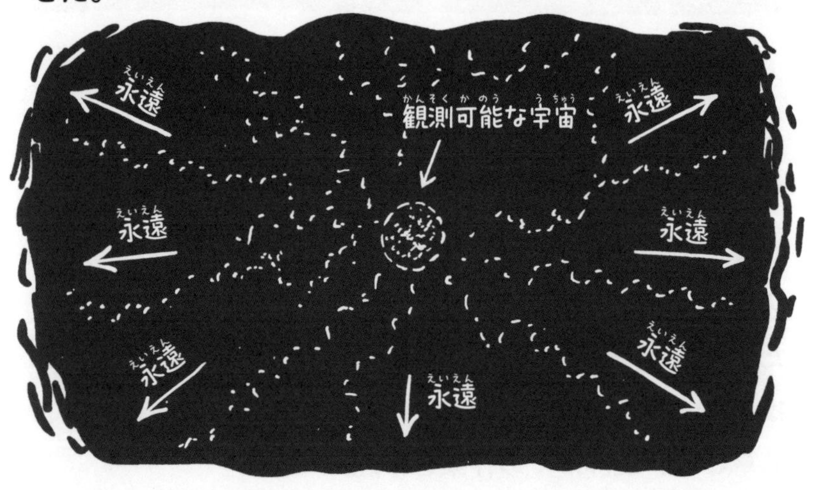

これって、ほんとうにすごいことだと思う。ただ単に、宇宙空間が無限に広がっているというだけではないからだ。恒星も惑星も、無限にあるかもしれないっていうことなんだから。それはつまり、生命が住んでいる惑星も無限にあるかもってこと。エイリアンも無限にいるかもしれない！

ドクター・ハワードは、もうひとつの可能性もあるといった。宇宙には限りがあって、無限に広がっているわけではないという可能性だ。ぼくにとっては、こっちの方がありがたいかも。スワン先生は粘土を無限に用意しているわけじゃないから。それに、無限大の作品を作るには、ものすごく時間がかかるだろう。美術の授業のあとはランチなのに。ランチを犠牲にする心の準備はできていない。

つぎの問題は宇宙の形だ。宇宙の像は宇宙の形にしなくちゃいけないけど、宇宙の形って？

宇宙がどんな形をしているのかは、ほんとうによくわからないんだそうだ。全体を見ることはできないからね。見えるのは一部だけ。「われわれが見ることができる範囲では」ってことば、おぼえてる？

でも、宇宙の大きさを測ろうとした科学者たちがいて、宇宙がどんな形をしているかについて、いくつかの説がでてきた。

可能性 1：無限大のミートボール説

もし、宇宙が無限大だとしたら、その形は巨大なミートボールみたいだろうとドクター・ハワードはいった。ドクターが使ったのは「ミートボール」じゃなくて「巨大な球」っていうことばだったけど。でも、その説をきいたとき、ぼくは腹ぺこだったから、ミートボールってよんだんだ。

ドクター・ハワードがいうには、宇宙が無限大だとしたら、その見た目は永遠に大きく大きくなりつづける巨大なミートボール、じゃなくて球なんだそうだ。

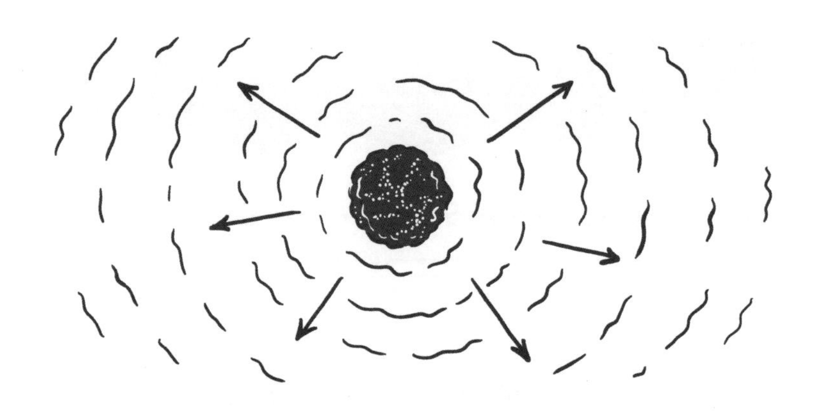

可能性２：巨大なブリトー

つぎの可能性は、宇宙は長い長いブリトーみたいな形だという説。ドクター・ハワードは「ブリトー」じゃなくて「シリンダー」っていったけど。細長い円筒形っていうから、ぼくはブリトーみたいだって思ったんだ（ほら、腹ぺこだったから）。

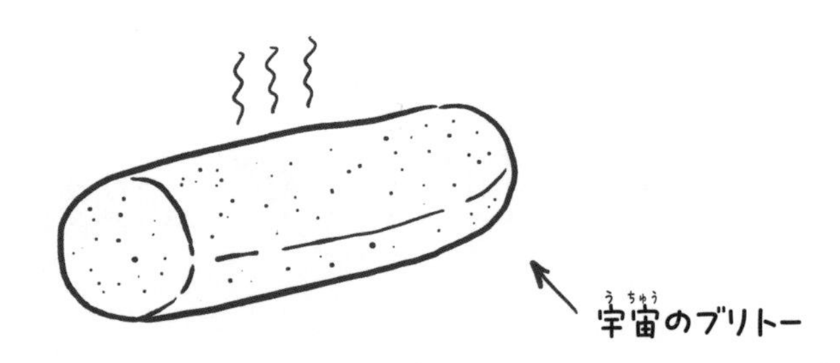

この形の意味は、宇宙は一方向には無限大だってことだ。ブリトーの長い方に進んでいけば、無限大にのびているけど、巻いている方向に進んだら、ぐるっと一周して、もとの場所にもどってしまうっていうんだ！

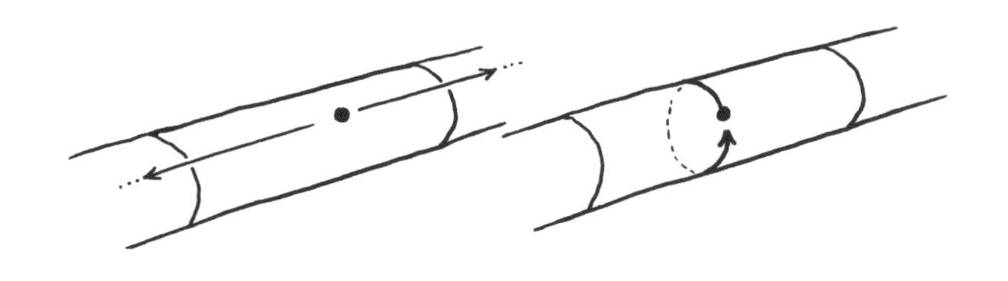

可能性３：魔法のドーナッツ

最後の可能性は、ドーナッツみたいな形の宇宙説。それをきいたとき、ぼくはもうデザートのことを考えていたんだと思う。ドクター・ハワードは「トーラス」っていう専門用語を使ったんだけど、科学者はドーナッツともよぶんだってさ。

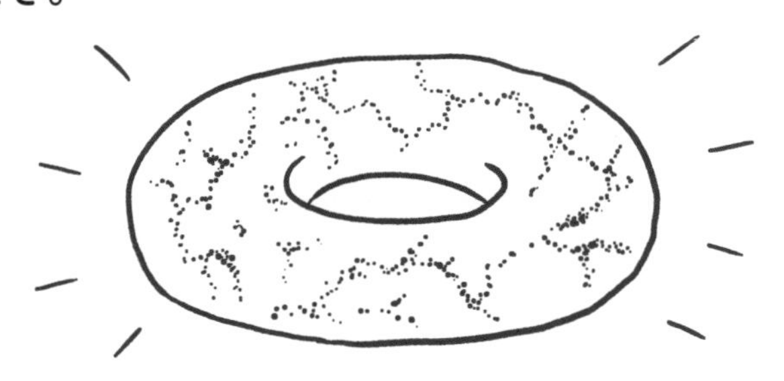

ドクター・ハワードは、宇宙がドーナッツ型ならすごくクールだっていってる。それは無限じゃないってことだからだ（どの方向にも永遠には進めない）。それはつまり、どの方向に進んでも、かならず元の位置にもどるってことだ。ほんとうだよ。

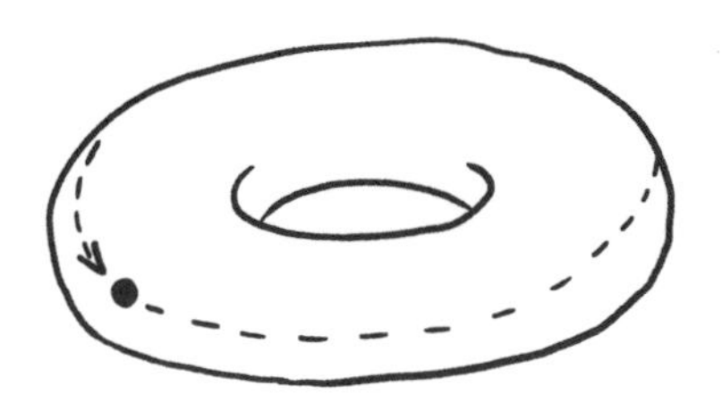

ドーナッツの外側をすすんだら大きな円を描いて元の場所にもどる。

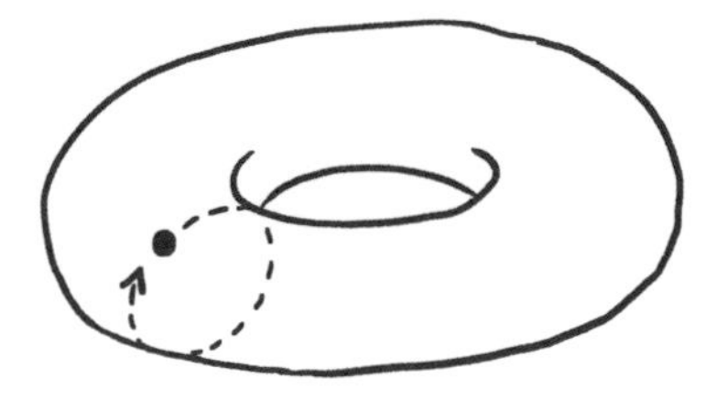

……そして、穴の内側に進んだら小さな円を描いて、やっぱり元の位置に。

これを宇宙にあてはめたら、宇宙船で一方にひたすらまっすぐ進みつづけたら、いつのまにかべつの方向から元の場所にもどるということだ。

こうして、ぼくは作業台の上に巨大なドーナッツを作ったんだ。

宇宙の形のいろいろな説のなかから、ぼくはドーナッツ説を選んだ。いちばんおもしろいからね。だって、ドーナッツの内側で生きてるなんておもしろいと思わない？　ミートボールやブリトーのなかよりは、だんぜんおもしろいよ。

あとでドクター・ハワードに話したら、ひとつだけを選ばなくてもよかったのに、っていわれた。いろいろな形の宇宙があるかもしれないからっていうんだ。宇宙はそれぞれちがう形かもしれないんだって。ドーナッツ型やブリトー型もあれば、ほかにもドーナッツ・ブリトー型だってあるかもしれないんだ。

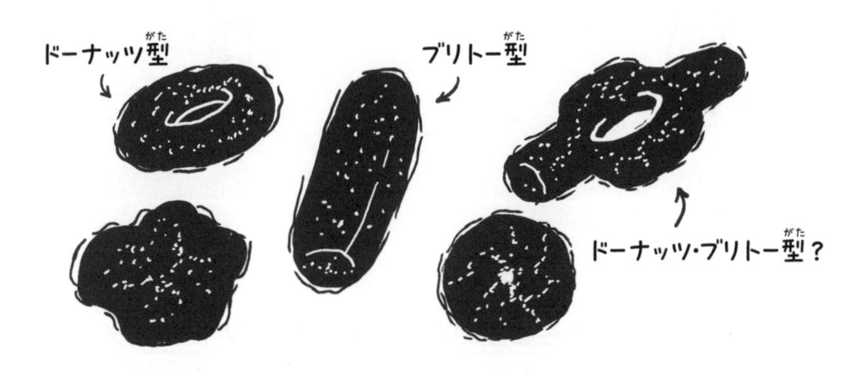

これは多元宇宙論ってよばれてる。これにはびっくりだ。

だって、宇宙はひとつしかないと思っていたら、ほかにもあるかもしれないっていうんだから。

ほかの宇宙にもいってみたいなとぼんやり考えていたら、事件がおこった。宇宙サイズの災害にまきこまれたって、話してなかったっけ？　ぼくたちが使っていた作業台は、宇宙全体分の粘土をのっけるほどには、がんじょうじゃなかったんだ。

作業台にひびがはいって……

とつぜん、足が折れた。ぼくのドーナッツは、ほかの子の彫刻にむかってころがりはじめた！

ぼくはみんなに大声で知らせた。でもおそかった。

かわいそうに、シギーはまきこまれた。

スベンのラケットは？　あっというまにゲームオーバー。

マテオはどうなったかって？　オペラの舞台(ぶたい)ごとまきこまれてしまった。

結局、宇宙サイズの大災害で終わった。ドーナッツ型宇宙サイズの災害だ。

とんでもないことをしてしまった。ぼくは、あやまった。

ちょうどそのとき、スワン先生がもどってきた。

どういったらいいのか、わからなかった。ただ、ぼそりとつぶやいた。

それに対する先生の反応は、みんなをびっくりさせた。

スワン先生は、みんなで協力して、なにもかもをつめこんだ宇宙を作るなんてすばらしいことだと思ったんだ。オペラ歌手もハムスターもラケットも、考えてみればみんな宇宙の一部なんだから。先生はすごく感動して、ぼくたち全員に特別の小さなメダルをくれた。おまけに成績もいい点をつけてくれた。

ドクター・ハワードがいったことは真実なんじゃないかと思う。宇宙に対する正しい見方ができるようになった。一見災害に思えることも、大きな目で見れば、ときにすばらしいものになるということだ。

美術の授業が終わったので、ぼくたちは食堂にむかった。ありがたかったよ。宇宙サイズの食べ物のことを話していたせいで、宇宙サイズに腹ぺこだったからね。

第8章 「時間」ですよ！

アー、もうっ！　時間がたりないよ。

ぼくみたいな、ただの11歳の子どもは、ひまをもてあましていると思われてるんだろうな。でも、放課後には、宿題も、家の手伝いも、空手教室も、ピアノの練習もある。もちろんマンガを読む時間も、ゲームをする時間も必要なんだから、時間がたりないよ。

その上いまは、この本を書くしめきりまである。理科担当のバレンシア先生は、いつでも好きなときに、クラスのみ

んなにこの本を紹介してもいいといっている。完成させるつもりなら、おそくとも冬休み前には終わらせないと。これはドクター・ハワードのところにいったときに、ドクターからきいたことが、かかわってくる。ぼくはドクター・ハワードがどんなところで働いているのか気になったので、母さんにたのんで、大学のドクター・ハワードのオフィスにつれていってもらったんだ。

「ハイ！　ドクター・ハワード！」

「はやかったね」

「ここがオフィスなんですね？」

「そうだよ」

「なんだ、もっと広いかと思ってた」

「で、用事はなに？」

ぼくは宇宙についての質問をいくつかして、ドクター・ハワードはすばらしい答えを返してくれた。でも、そのあと、ぼくに爆弾を落とした。

おわかれといっても、その日、わかれることをいったわけじゃない。ドクター・ハワードは、現在建設中の巨大な天体望遠鏡で研究をするために、１年間インドにいくというんだ。家族みんなで引っ越すんだけど、時差もあるから、気軽に電話をして質問することもできなくなるということだ。

この本を完成させるためには、ドクター・ハワードがいなくなる来月までにしあげなければいけない。時間はあんまりない。その上、もうひとつ、でっかい爆弾が落ちたのを知ってしまったんだ。それがなにかは、この章の最後に教えるね。

とにかくはじめよう。この章では、ぼくが時間をかけて考えてきたことを話すことにした。それは「時間」！　そう、その通り。時間について、時間をかけて話す時間がやってきた（宇宙のことも）。

夏休み、ミドルスクールに入学する直前に家族で旅行にいったって話はおぼえてる？　いとこに会いにいったんだけど、いとこの家につくまでが超たいくつだったんだ。いとこたちと会ったのは、楽しかったんだけどね（それはまたべつの機会に話すよ）。

何時間も車にとじこめられて、なにもすることがなかった。妹は、バックシートのまんなかの見えない境界をのりこえて、しょっちゅうちょっかいをだしてきたけど、そんなことではちっとも役にたたなかった。

しかも、妹は自分のタブレットをもってるのに、ぼくにはタブレットもゲーム機もなかった。父さんが車のトランクの奥深くにしまっちゃったせいで、とりだせなかったんだ。ぼくはただ、じっとすわって、窓の外を見ているしかなかった。これは、ほんとうに、たいくつだった！　時間はものすご――く、ゆ――っくり流れているような気がした。しょっちゅう、あとどれくらいかかるの？とたずねたけど、毎回、ちっとも時間が進んでいないみたいだった。

しまいには、今度「もうすぐつく？」とたずねたら、車を止めて置き去りにするぞ、と父さんにおどされて、もうきけなくなった。父さんがほんとうにそんなことをするかどうか、ためしてみたかったけど、妹にバックシートをひとりじめさせるのはいやだったので、やめておいた。

あまりにもたいくつだったので、それまでしたことのないことをしてみた。それは、すわったまま考えるってことだ。通りすぎた変な形のサボテンのことを考えたり、空にうかぶ雲を見て、フワフワのでっかいおしりみたいだな、と考えたり。

それから、時間はぼくだけゆっくり流れてるなんてことはないんだろうか？　と考えた。だって、ほんとうにそう感じたんだから。そこで、妹が眠ってしまうと妹のタブレットをとりあげてドクター・ハワードにテレビ電話した。そのときのようすはこんな感じ。

「おやおや、だれかな？」

「ハーイ、オリバーです」

「どうして、でっかいウサギみたいに見えるんだい？」

「あー、妹のカメラフィルターのせいです。ごめんなさい。消し方がわからないや」

「ちょっとまって。でっかい絵文字には変えられるみたい。これでどう？」

「どう、といわれても。で、質問はなに？」

それでぼくは、車のなかでぼくの時間だけゆっくり流れているという仮説を話してみた。すると、おどろいたことに、ドクター・ハワードはそれは正しいといったんだ！

宇宙の特に奇妙でクールなところは、時間の流れが場所によってちがうってことなんだと説明してくれた。宇宙には時間がゆっくり流れているところや、速く流れているところがあるっていうんだ。

なんだかすごく不思議だよね。時間はどこでもおなじように進むと思ってたのに。でも、宇宙ではそうなっていないんだそうだ。時間がほかよりゆっくり進むには、ふたつの可能性があるという。

1）なにか、すごく大きいか、重いものの近くにいるとき
2）きみが、ものすごく速く動いているとき

1）についてはものすごくおもしろい。もしきみが、あらゆるものをのみこんでるせいで、やたらに大きくて重いブラックホールのそばにいたとしたら、遠くから見ると、きみの動きはスローモーションみたいにゆっくりに見えるってことだ。

そして、これは、ブラックホールのそばだけでおこるわけじゃなくて、この地球の上でだっておこる。

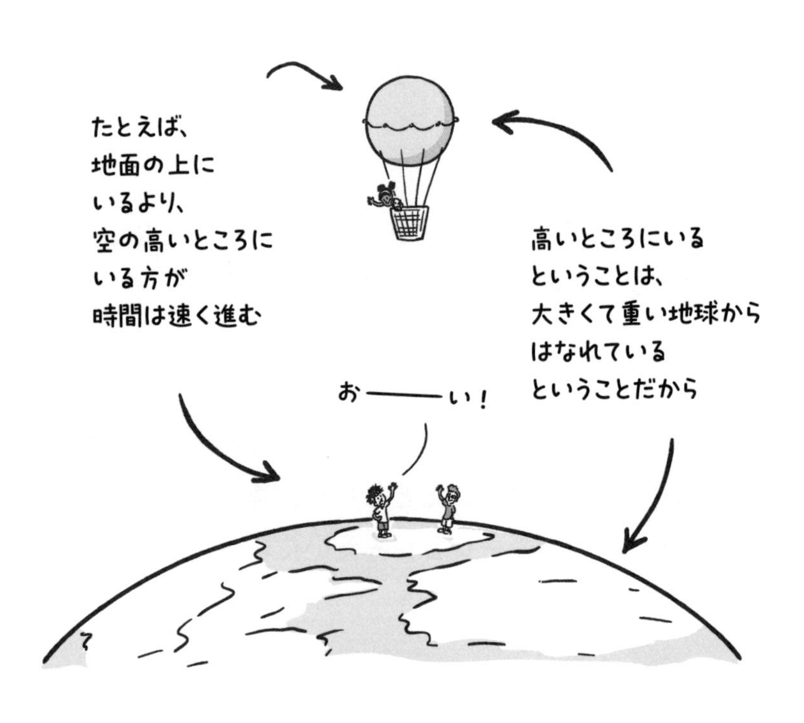

ただし、地球はブラックホールほどには大きくも重くもないから、ほんのすこししかちがわないそうだ。それでも、たしかにおこっている。科学者は実際に実験をしてたしかめた。熱気球や飛行機につみこんだ時計、それとか高い山の上にある時計と、地面の上においた時計の進み方をくらべてみたんだ。すると、高いところの時計の方が、ごくごくわずかだけれど、１時間に１ナノ秒（10億分の１秒）ほど速く進むことがわかった。

この地球の上でも、場所によって時間の流れがちがうなんて、考えただけでもおもしろい。地面の下にもぐっていけば、それだけ地球に近づくわけで、地球の中心あたりは、ほかの部分にくらべて、２、３年若(わか)いだろうとドクター・ハワードは、いった。地球全体にくらべて、よりまんなかに近いから、それだけ時間はゆっくり進んでいるというわけだ。

もっといえば、きみの足は、体全体よりゆっくり進んでいることになる。立っているときは、頭より足の方が地球に

近いから、その分時間はゆっくり流れてるんだ。

ぼくはドクター・ハワードにたずねてみた。妹にも、おなじことがあてはまるのかって。妹がとろくさいのは、小さくて地面に近いから？

時間がゆっくり進む、2）の方も、すごくおもしろい。ドクター・ハワードは、めちゃくちゃ速く動いたら、時間はゆっくり進むといった。車に乗っているときに時間がゆっくり進むというぼくの仮説は、この理由で正しいことになる。車は速く動いている。だから、車のなかの時間はゆっくり進む。

なんであれ、動いているものの時間はゆっくり進むということだ。ただし、光とおなじぐらいに、ほんとうにめちゃくちゃ速くなければ気づくことはない。光の速さとくらべたら、父さんが運転する車はものすごくおそい。だから、車のなかのぼくの時間は、それほどゆっくりってわけじゃないと思うと、ドクター・ハワードは、いった。

ものすごく速く動けるとしたら、とても不思議なことがおこるらしい。ぼくは、あいかわらず車のなかでたいくつしきっていたので、この話をマンガにしてみることにした。壮大な宇宙冒険マンガで、タイトルは『ウルトラ宇宙アドベンチャー』だ。さあ、はじまるよ。

ウルトラ
宇宙アドベンチャー！
主演
ウルトラ宇宙冒険家
オリバー

ある日、ウルトラ宇宙冒険家オリバーは、ほかの惑星に飛び立つことにした
ウルトラ宇宙基地

オリバーは宇宙船に乗りこんだ
その名も「ウルトラ宇宙船」
EPIC

オリバーは、妹に手をふった。小さいせいで時間の流れがゆっくりな妹は、かなしそうだ
バイバイ！
手の動きもゆっくり
3…2…1…
発進！
ゴーッ！
EPIC

EPIC
TURBO
宇宙に達すると、オリバーはターボロケットボタンをおした。宇宙船はさらに加速する……
カチッ！
EEPIC
あっというまに、
宇宙船は、ほぼ光の速さに！

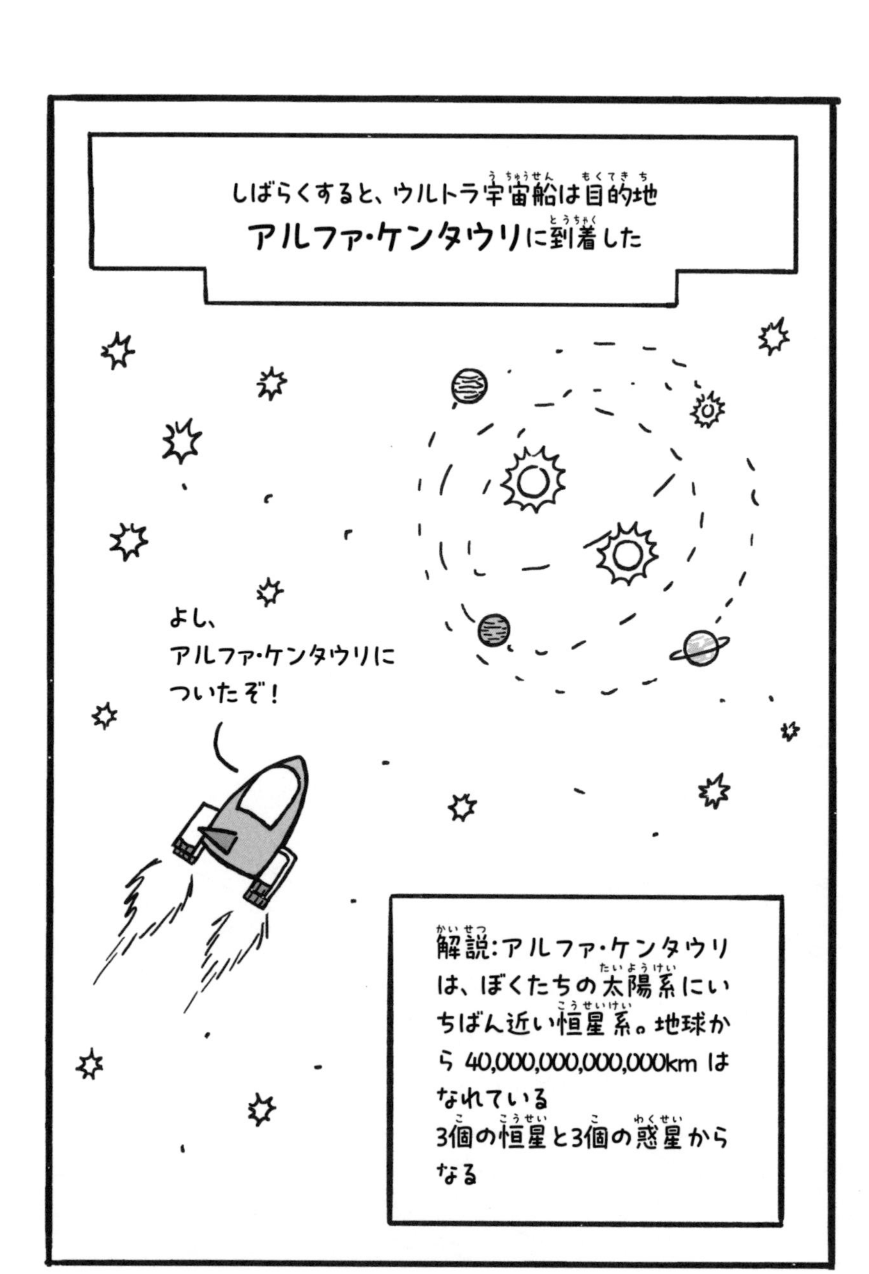
しばらくすると、ウルトラ宇宙船は目的地
アルファ・ケンタウリに到着した
よし、
アルファ・ケンタウリに
ついたぞ！
解説：アルファ・ケンタウリは、ぼくたちの太陽系にいちばん近い恒星系。地球から 40,000,000,000,000km はなれている
3個の恒星と3個の惑星からなる

オリバーは惑星プロキシマbに着陸した。地球とおなじぐらいの大きさの惑星だ。オリバーはそこで、3個分の太陽の光をたっぷり浴びて日焼けした
アハハ
ようこそ
プロキシマbへ
シールドを張って
空気でみたして
いる
オリバーは、ふたたび離陸！
（短いが、ウルトラなバケーションだった）

宇宙船は、ふたたびほぼ光の速さで地球へむかう……
EPIC

!
しかし、地球におりたったオリバーには、
おどろくべきできごとが、まちかまえていた

オリバーが宇宙旅行をしているあいだに、
妹は9歳も歳をとっていたのだ！
妹はいまやオリバーよりも年上だった！
ハッ！
チビはどっちよ？
やめてー！

オチのきいた、おもしろいストーリーでしょ？　なにがおこったのか、わかったかな？　宇宙冒険家オリバーは、ものすごいスピードで飛ぶ宇宙船のなかにずっといたので、時間はゆっくり進んだ。一方、地球にいる妹の方は、ふつうに歳をとっていく。

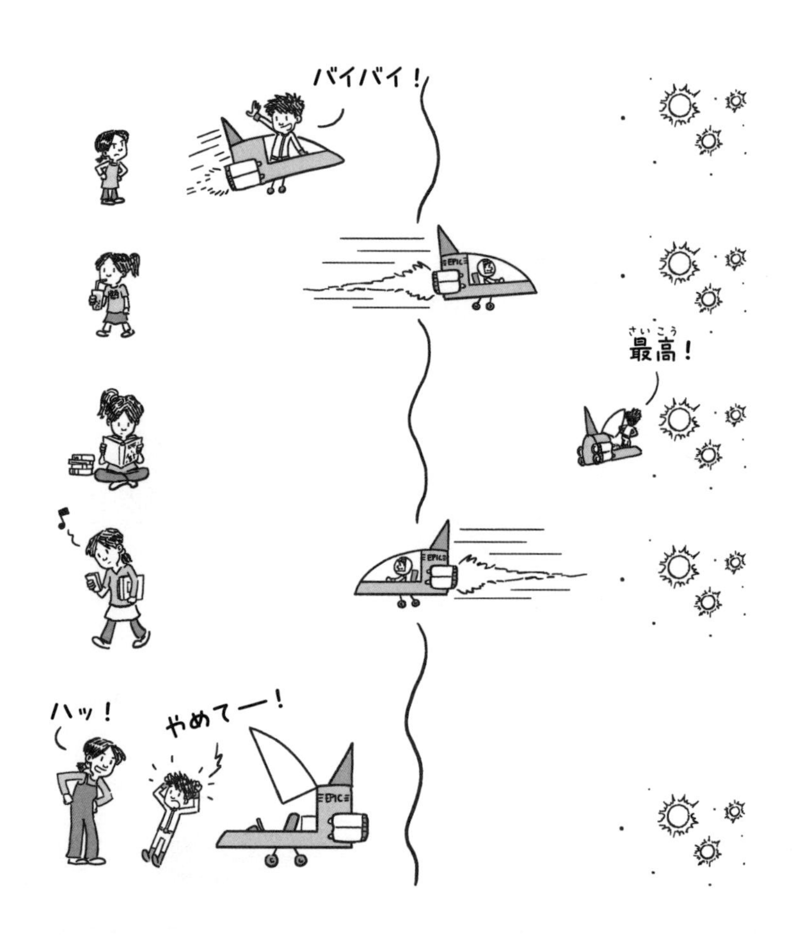

光の速さだと、地球からアルファ・ケンタウリまで、実際に往復で９年かかるけど、宇宙冒険家オリバーはスローモーションの世界にとじこめられていて、時間がたったことに、ほとんど気づかなかったんだ！

ドクター・ハワードは、どうして時間の流れがおそくなるのか、科学者にもちゃんとは理解できていないと教えてくれた。それは、なにか大きくて重いものの近くだからなのか、すごく速く動くからなのかも、わからないんだって。でも、実際にそうなるのは、まちがいない。宇宙におこるもっとも奇妙なことのひとつだということだ。絵文字顔の子どもとテレビ電話するのも、おなじぐらい奇妙だともいってるけどね。

時間といえば、父さんの運転は速いとはいえないけど、この『ウルトラ宇宙アドベンチャー』を車のなかで描き終えたころには、とうとういとこの家にたどりついた。光の速さで進まなくても、じっとすわってなにかを考えていれば、時間の進み方はすこしは速くなるのかもしれない。

オチのきいたストーリーといえば、今週わかったでっかい爆弾のことを話さなくちゃいけない。ぼくの『ウルトラ宇宙アドベンチャー』の絵がすごくうまいことには、きっと気づいただろうと思う。ぼくが描いた絵じゃないからなんだ。イービーの絵だ。ある日、イービーが放課後うちにきて、絵を全部描き直してくれた。

イービーとぼくは、この数か月でほんとうに仲良くなった。通っていた小学校はちがったけど、むかしからの友だちみたいにね。ぼくたちはゲームをしたり、マンガについて話

したり、ネコやきょうだいについて、とても楽しいおしゃべりをしたりした。

爆弾(ばくだん)が落ちたのはイービーのお父さんが、ぼくの家までイービーをむかえにきたときだ。いつもなら、イービーはひとりで歩いて帰っていくんだけど、その日はじめて、お父さんがむかえにきたんだ。玄関(げんかん)のドアをあけたぼくは、人生最大(さいだい)のショックを受けた。

ドクター・ハワードは、イービーのお父さんだったんだ！！

たぶん、ぼくは、イービーにドクター・ハワードのことを話したことはなかった。さらに、イービーにフルネームをたずねたこともなかった（イーブリン・レイラ・ハワードだって！）。ぼくたちは大笑いした。イービーとぼくとは友だちなんだから、これからはいつだってドクター・ハワードの家にいって、質問ができるってことだ。ドクター・ハワードの方は、ぼくほどにはうれしがっていないようだったけど。

ぼくはすっかりうれしくなっていたけど、帰っていくふたりを見ていて、ほんものの特大(とくだい)のストーリーの「オチ」に気づいてしまった。

ドクター・ハワードが今月末(まつ)にこの街(まち)からいなくなるっていうことは、イービーもいなくなるってことじゃないか！

いかないで！

第9章 宇宙の終わり

あー、終わった……なにもかも。

ぼくのミドルスクール人生に、
もう未来はない。シギーって
いう名前のハムスターのせいで。

ぼくの宇宙サイズの災害のときに名前が登場したから、シギーのことはおぼえているかもしれないね。シギーはイービーのペットのハムスターで、美術の時間にイービーが粘土で像を作った。そう、イービーがものすごくかわいいと思っているハムスター。イービーは、シギーの絵をプリントしたTシャツまで作った。

まず知っておいてほしいのは、シギーはいまはもう、イービーのハムスターじゃないってこと。いまはぼくのハムスターなんだ。イービーが家族といっしょに１年間インドにいってしまうとわかったあと、イービーがすごくだいじなお願いがあるといってきた。

インドにはシギーをつれていけないから、ぼくにめんどうをみてほしいっていうんだ。ちっぽけな毛糸のかたまりがすごく好きってわけじゃないけど、イービーにとって、すごくだいじだってことはわかってる。それに、シギーと話したいから、しょっちゅう電話をかけるっていうんだ。だとすれば、この毛糸のかたまりは、イービーと連絡をとりあういいわけとしては、とても役にたつ。

イービーはインドにいく１週間前に、ぼくの家にシギーをつれてきた。シギーの世話の仕方を教えて、ぼくに慣れさせるためだ。

ふたつめに知ってほしいのは、シギーはいまはもう、ぼくのハムスターでもないってこと。シギーはいなくなってしまったから。ぼくはちゃんと世話をしたんだよ。ほんとに！　最初の2日ほどはえさをやって、水をかえて、◯ンチのあとかたづけもした。あのチビさんと仲良くなりはじめた気もしていた。

ところが、ある日の朝、ケースをそうじしにいったとき、ふたがあけっぱなしになっていたことに気づいたんだ。なかをのぞいたら、シギーは消えていた！

シギーはケースをよじのぼって、にげだしたにちがいない！　ぼくは必死でさがした。窓から外へ飛びだした？　ぼくのよこを走りぬけて、玄関からでていった？　どちらにしても、シギーはどこにも見つからなかった。

ぼくは、こまりはてた。イービーは、なんていうだろう？　とてもじゃないけど、ぼくからはいえないよ。よりによって最悪なことに、それがおこったのは、理科の授業で、バ

レンシア先生にぼくの本を紹介することになっていた日だったんだ。その朝、学校にむかって歩きながら、ぼくは宇宙が終わってしまえばいいのにと思っていた。そしたら、イービーに知らせることも、本の紹介もしなくてすむのに。

学校につく前に、ドクター・ハワードにメッセージを送ることにした。

「ハイ、ドクター・ハワード」

「おはよう、オリバー。シギーは元気かい？」

「ええ、まあ、そうですね……ききたいんですけど、宇宙があと20分で終わる確率は？」

「ほぼゼロだね」

「うーん」

ぼくは、そもそも宇宙が終わる可能性があるのかどうかもたずねた。ドクター・ハワードは、あんまりないだろうといった。

「ほとんどの科学者は、宇宙は永遠につづくと思ってるよ」

「はあ」

「ただし……」

「ただし？」

「ただし、とんでもなくおかしなことが、おこるかもしれない」

この先、宇宙にはおこるかもしれないことが３通りあるんだそうだ。そして、そのどれがおこるのかは「おなら」し

だいってことだ。宇宙のはじまりは、廊下に人が集まって、おしあいへしあいしてるときに、だれかがとつぜんおならをしたようなものだといったのを、おぼえてる？

今後、宇宙がどうなるかは、それがどんなおならだったかに、かかっている。宇宙はいまも爆発しつづけているといったのも、おぼえてる？　その爆発は、基本的にはそのおならのエネルギーが、元になっている。科学者がそれを「ダークエネルギー」とよんだのも、思い出して！

第１の可能性は、そのおならは広がりつづけるということ。つまり、集まった人たちは、いっせいにちらばって四方八方に走りつづけるということ。

とてつもなく長いこと走りつづけて、しまいには、それぞれ、はるかかなたまで遠くはなれてしまう。

そして、みんな、すごくたいくつして、なにもしたくなくなる。

もし、ダークエネルギーが永遠にありつづけるとしたら、宇宙にも、そんなことがおこる。

宇宙はどんどん大きくなりつづけて、そこにあるものは、それぞれどんどん遠くはなれて、すごくたいくつして、なにもおこらなくなる。

科学者たちは、このような状態を、宇宙の「熱的死」とよんでいる。でも、ぼくなら「超たいくつ」ってよぶけどな。ドクター・ハワードも賛成みたいだ。

「うん、『たいくつ』っていうのは、宇宙熱的死の状態を、うまくいいあてているかもしれないね」

「ほんとですか？　科学の世界でなにかに名前をつけるときには、ぼくをよんでくれないかな？」

ドクター・ハワードは、宇宙におこるかもしれない、ほかの２つの可能性も教えてくれた。このあとすぐに、きみにも教えてあげる。
これら３つの可能性のなかで、「超たいくつ」が、ぼくが学校についたときの気もちだった。シギーのことを伝える心の準備ができていなかったので、ぼくはイービーをさけた。

でも、スベンに見つかった。シギーがいなくなったことを話したら、スベンも、イービーはものすごく落ちこむだろうといった。けれどもスベンは、ぼくの気もちがよくわかるといってくれた。スベンはペットのヘビを飼っていたことがあるんだけど、家のなかで行方不明になったとき、お父さんとお母さんは、ずいぶんとりみだしたらしい。

１時間目がはじまるまでは、イービーからかくれるのは、そんなにむずかしくなかった。学校の朝はすごくこみあっているから。そして、その状態は宇宙におきるかもしれない２つ目の可能性によく似ている。ドクター・ハワードがいうには、２つ目の可能性として、ダークエネルギーは、消え去ってしまうかもしれないというんだ。みんなをちりぢりに走らせた大元のおならが、とつぜん消え去ってしまうようなものだ。

そうなると、みんなには走りつづける理由はなくなる。やがては、ふりかえって、元の場所に集まりはじめる。

すぐにみんな元の場所にもどって、ぎゅうぎゅうづめの状態になる。

宇宙では、ものがより集まるのは重力のせいだ。重力は宇宙にある恒星も銀河もすべて、よせ集めて、小さな小さな点にとじこめるまでちぢめつづける。たぶん永遠に。

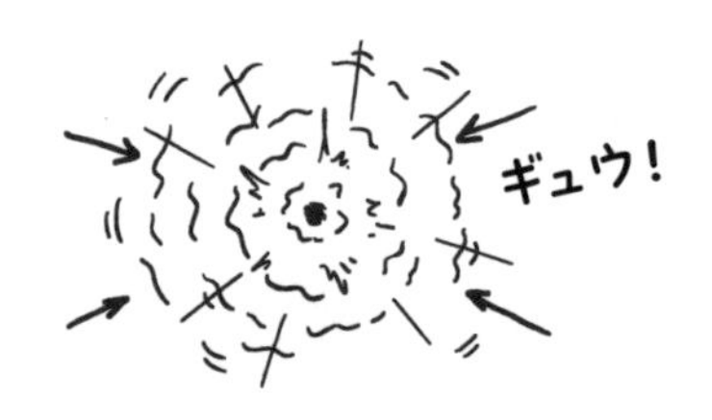

この可能性のことを科学者は「ビッグクランチ」とよんでいる。クランチっていうのはぎゅうぎゅうに圧縮されることだから、ぼくもそのよび方がいいと思う。科学者たち、「よくできました！」

学校に話をもどすと、1時間目がはじまる直前までは、なんとかイービーをさけていた。1時間目は理科で、イービーは理科はとっていない。でも、理科の授業では、ぼくは自分が書いた本をみんなに紹介しなくちゃいけない。教室にはいる直前、とつぜんバレンシア先生が、ぼくに気づいた。

どうにか、かくれていようとしていたのに、バレンシア先生に見つかってしまった。

ぼくは、本をとりだすのをいいわけにして、ひざまずいた。

そのとき、手にふれたんだ。

教科書とぼくの本のあいだにある、なにかちっぽけで、フワフワのものに。それは……

シギーは、ぼくのバックパックにもぐりこんで、ずっとそこにかくれていたんだ！　なんとか教科書にもつぶされずに。ちっぽけな毛糸のかたまりを見て、こんなにうれしいと思ったのは、人生ではじめてのことだ。思わずギュッとハグしそうになったけれど、学校にいるのを思い出して、ふみとどまった。みんなにハムスターとハグするやつ、なんて思われたくないから。バレンシア先生もちょっとおどろいたみたいだ。

シギーも、バレンシア先生に、おどろいたみたいだ。先生を見て、ぼくの手から飛びだしてしまったんだ。映画なんかで、なにかものすごくドラマチックなことがおこったと

きには、急にスローモーションになったりするよね？　シギーがぼくの手から飛びだしたときには、ほんとうにそんなふうに感じたんだ。

こまったことに、シギーは教室にむかう人ごみのほうに走っていった。

どうしたらいいんだ！　「ハムスターがにげた！」とさけぼうかとも思った。でも、パニックをひきおこしたくない。一瞬、ドクター・ハワードからきいた宇宙におこるかもしれない３番目の可能性が頭にうかんだ。将来、ダークエネルギーのパワーがもっともっと大きくなって、宇宙をバラ

バラにひきさいてしまうかもしれないというんだ。廊下でのおならが、広がるにつれて、どんどん臭くなっていくところを想像してみてほしい。そんなことになったら、大混乱まちがいなしだ！　みんな、めちゃくちゃに走りまわって、ぶつかってころぶ子続出だろう。

科学者は、これを「ビッグリップ」とよんでいる。宇宙があまりにも速く大きくなると、銀河も恒星も惑星も、なにもかもがバラバラにひきちぎられて、こなごなにくだけてしまう現象だ。

それって……あんまり想像したくない。学校でも、それはさけなくちゃいけない。問題は、いまや、ぼくひとりでどうにかできる事態ではなくなってしまったってことだ。ちらほら、床を走りまわるシギーに気づきはじめた子がいる。

最悪な事態になる前にシギーをつかまえようと、ぼくはあとをおった。でも、人ごみにじゃまされる。だれかがシギーをふみつぶしたら、どうしよう？

そのとき、だれかの大きな声がきこえた。

イービーだ！

イービーの声で、全員がピタッと足を止めた。すると、シギーは、イービーにむかって、まっすぐ走っていった。

ぼくは、いいわけを山ほど考えていた。けれども、イービーはおこらなかった。シギーがぶじだっただけで、ただただ幸せだったんだ。

そのあと、バレンシア先生は、シギーを１日先生の教室においてもいいといってくれた。ちっぽけな毛糸玉シギーは、たちまちみんなのアイドルになった。

ぼくの本の紹介(しょうかい)がどうなったか、気になる？　ぼくはバレンシア先生に、本はまだ完成(かんせい)していないと伝(つた)えた。宇宙(うちゅう)の終わりについて、もう１章書き加(くわ)えたいからと。それが、いまきみが読んでいる章だ。バレンシア先生は、それを書き終えたら、みんなに見せてねといった。

ここでまとめを。宇宙には、たぶん終わりがない。でも、とてもおかしなことがおこるかもしれない。それは、ずっと大きくなりつづけるか、ふたたびより集まるか、バラバラにひきさかれるか、だ。そして、それはダークエネルギー（もしくは廊下でのでっかいおなら）しだいということ。

でも、心配しなくてだいじょうぶ。ドクター・ハワードによれば、たとえ宇宙がぎゅうぎゅうにつぶれようと、バラバラにひきさかれようと、それがおこるのは何百億年も先のことだから。それに、宇宙を観測してきた科学者たちは、そんなことはおこらないだろうと考えているということだ。おそらく宇宙は、ただどんどん大きくなりつづけて、どんどん「たいくつ」になりつづけるだろう。ぼくはそれでいいと思ってる。これまでに十分楽しませてもらってるしね。

第10章
この本の終わり

それから２、３日後、ぼくは教室でこの本を紹介した。緊張したけれど、みんな気に入ってくれたみたいだ。終わったあと、ぼくのところにきて、読ませてほしいといってくれた子もいた。

ぼくは何冊かプリントアウトするつもりだから、それまでまってといった。この１冊はもう、あげる人が決まっているからと。放課後、その人に、本をわたしにいくのを父さんが車で送ってくれた。運良く、ギリギリまにあった。空港にむかってでかける直前だったんだ。

ドクター・ハワードは、読むのが楽しみだといってくれた。そして、これでもう質問の電話をかけてくるのは終わりかな？　といった。ぼくは、いまはもう宇宙の専門家になったから、なにか質問があったら電話をしてくれてもいいよとドクター・ハワードにいった。

イービーは自分が描いたイラストを見て大よろこびだ。そして、インドにいるあいだに、いっしょにもう１冊書こうよといった。

ぼくは考えてみると答えた。

いずれにしても、ぼくたちはまちがいなく連絡をとりあうだろう。イービーはブラックホールに落ちちゃうわけじゃないんだから。

さあ、これでおしまい！　楽しんでもらえたかな？　この本のおかげで、ぼくにも得意なことがあるとわかったよ。それは、おならについて話すこと。きっときみにも、なにか得意なことがあると信じてる。まだ見つかっていないとしても、きっとあるよ。なにしろ、宇宙はものすごくでっかいんだから。

バイバイ！

おまけ
マンガ!
ウルトラ宇宙冒険家
オリバー
エイリアン探索編!

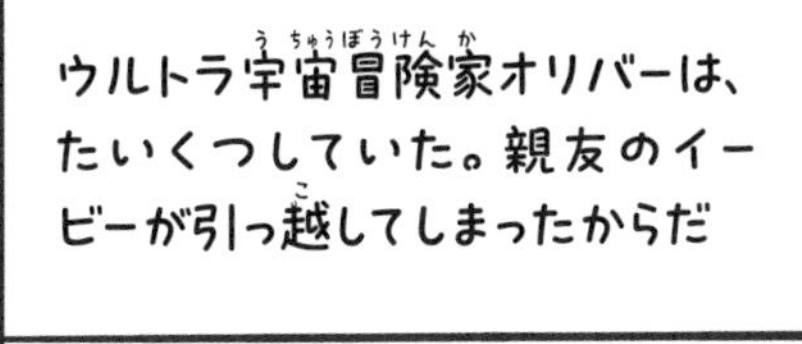

そのとき、すごい
アイディアを思いついた

そうだ！
エイリアンをさがしにいって、
新しい友だちを作ろう！

妹(いまは姉)は部屋をかたづけろといったけれど、
オリバーは宇宙船に飛び乗り離陸した！

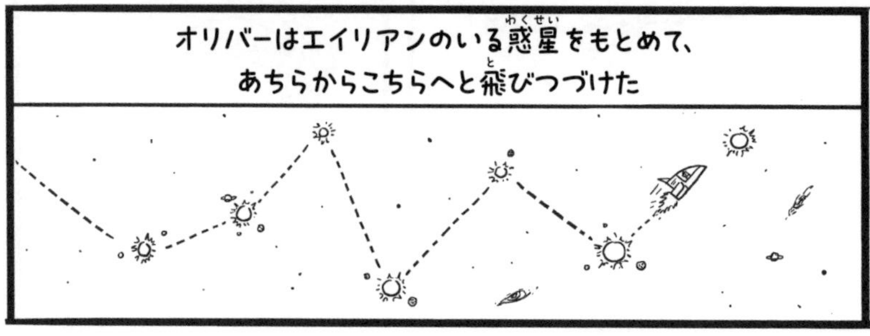

恒星から遠すぎて寒すぎる惑星も

ちょうどいい距離にあっても、水や空気のない惑星も

ウゲッ！

だんだんつかれてきて、ほかにどのくらいの惑星があるのか調べてみた

ふつうの銀河系には1千億個ほどの恒星があって、惑星も1千億個ほどもある!(たくさんの惑星をもつ恒星も、ひとつも惑星をもたない恒星もある)

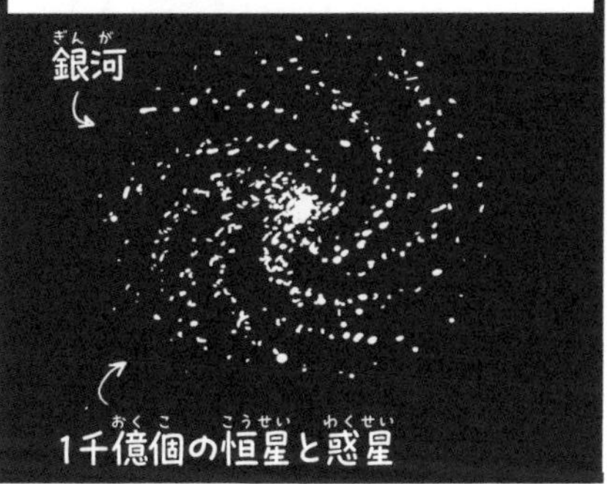

そして、観測可能な宇宙には銀河もまた1千億個もある。
つまり、惑星は10,000,000,000,000,000,000,000個もある！

オリバーは、あきらめて地球に帰ることにした。ほぼ光の速さで！

オリバーは、ほぼ光の速さで長い間飛んでいたので、地球では60年たっていた。妹には三つ子が生まれて、それぞれが三つ子を産んでいた！

みんなゲームが好きだとわかって、めでたしめでたし

ごはんどきに

両親をびっくりさせる豆知識

かつて宇宙は
この点より小さかった！

太陽は常に
ぎゅうばく
している！

ブラックホールは
宇宙にあいた穴！

何十億年か後には太陽は
ふくらんで地球をのみこむ！

ブラックホールからは
なにもぬけだせない！

もし、ブラックホールにはいったら、
二度ともどってこられない！

なにかを理解するいちばんの近道は、人に説明することだったよね！

地球は太陽系で
ただひとつ、
液体の水が
地表にある惑星！

宇宙の大部分は、
ぶきみで謎だらけのダークマターと
ダークエネルギーで、できている！

土星では
ダイヤモンドの
雨がふる！

宇宙は大きすぎて
全部を見ることはできない！

ヘエー

！

立っているとき、
頭より足の方が
ゆっくり時間が進む！

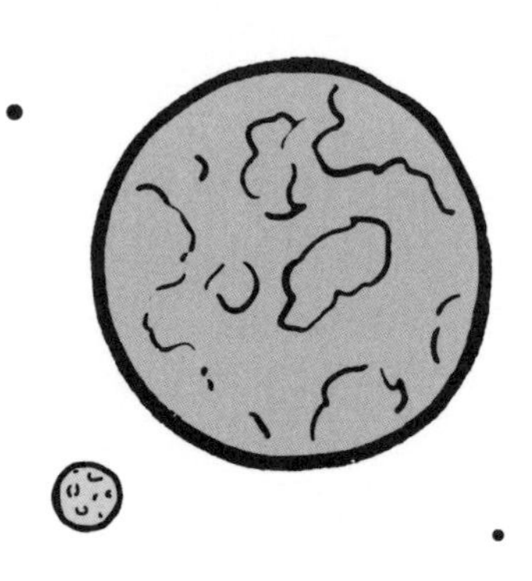

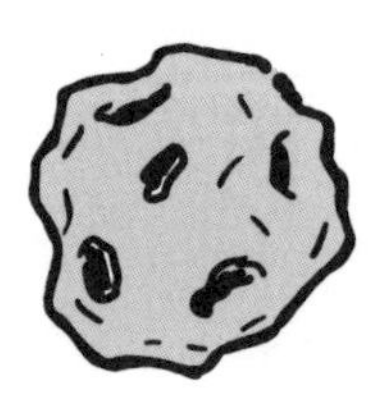

OLIVER

もっと知りたい？

以下のウェブサイトや本で調べよう

NASA for kids: spaceplace.nasa.gov
American Museum of Natural History:
amnh.org/explore/ology/astronomy
European Space Agency for kids: esa.int/kids

国立天文台（NAOJ）https://www.nao.ac.jp
宇宙航空研究開発機構（JAXA）https://www.jaxa.jp

近くの図書館にいってみよう！　司書さんに宇宙についての本を読みたい、とたずねたら、きっと山ほど紹介してくれるよ！

謝辞

この本の科学的な記述に誤りがないよう協力してくれた科学者のみなさんに深く感謝をささげます。なかでもアンドリュー・ハワード（本物のドクター・ハワード！）、ケイティー・マック、フィリス・ウィトルシー、デイヴィッド・シナブロ、ジュリー・カマーフォードとマット・シーグラーに。この本の下書きを読んでくれたすべての子どもたちとその親ごさんにも感謝を。なかでもリンダ・シメンスキー、マテオ、レイラ、スコット親子、オリバーのD&Dグループ、ロドリゲス親子、ハワード親子、フィッパード親子、ウォルデイト親子に。ハワード・リーブスとエイブラムスのチーム、セス・フィッシュマンとガーナートのチームにも大いなる感謝を。インスピレーションを与えてくれた、かげの共著者ともいえるスーリカ、エリナーそしてオリバー（本物のオリバー！）、ありがとう。

ジョージ・チャム

エミー賞にもノミネートされた、さまざまな分野でのクリエーター。スタンフォード大学でロボット工学のPh.Dを取得し、カリフォルニア工科大学では脳科学の研究をおこない、教員も務めた。主な著書に『僕たちは、宇宙のことぜんぜんわからない』『この世で一番わかりやすい宇宙Q＆A』(共にダイヤモンド社)がある。家族とともにカリフォルニア州サウスパサデナ市在住。

千葉茂樹

北海道生まれ。国際基督教大学卒業後、児童書編集者を経て翻訳家に。訳書に『宇宙でウンチ』『火星は…』(以上、あすなろ書房)、『たいよう』『ちきゅう』『つき』(以上、小学館)、『さようならプラスチック・ストロー』(光村教育図書)、『海にしずんだクジラ』(BL出版)など多数ある。

渡部潤一

天文学者。1960年、福島県会津若松市生まれ。東京大学、東京大学大学院を経て東京大学東京天文台に入台。ハワイ大学研究員となり、すばる望遠鏡建設推進を担う。自然科学研究機構国立天文台副台長を経て、現在は同天文台天文情報センター長・上席教授、総合研究大学院大学教授。

天才少年オリバーの「宇宙」入門

2025年4月30日　初版発行

著者　ジョージ・チャム
訳者　千葉茂樹
監修　渡部潤一
発行者　山浦真一
発行所　あすなろ書房
〒162-0041 東京都新宿区早稲田鶴巻町551-4
電話 03-3203-3350(代表)
印刷所　佐久印刷所
製本所　ナショナル製本

ISBN978-4-7515-3237-9　NDC440　Printed in Japan